高层建筑设计——以结构为建筑

（原著第二版）

U0283312

高层建筑设计——以结构为建筑
（原著第二版）

DESIGNING TALL BUILDINGS: STRUCTURE AS ARCHITECTURE
(SECOND EDITION)

[美]马克·夏凯星　著

刘栋　李兆凡　潘斌　译

石永久　校

中国建筑工业出版社

著作权合同登记图字：01-2019-0104 号

图书在版编目（CIP）数据

高层建筑设计——以结构为建筑：原著第二版 /（美）马克·夏凯星著；刘栋，李兆凡，潘斌译 .—北京：中国建筑工业出版社，2019.11
书名原文：Designing Tall Buildings：structure as architecture, 2e
ISBN 978-7-112-24157-6

Ⅰ.①高… Ⅱ.①马…②刘…③李…④潘… Ⅲ.①高层建筑—建筑设计 Ⅳ.① TU972

中国版本图书馆 CIP 数据核字（2019）第 191128 号

责任编辑：李天虹 董苏华 责任校对：王 瑞

高层建筑设计——以结构为建筑（原著第二版）
[美] 马克·夏凯星 著
刘 栋 李兆凡 潘 斌 译
石永久 校
*
中国建筑工业出版社出版、发行（北京海淀三里河路9号）
各地新华书店、建筑书店经销
北京雅盈中佳图文设计公司制版
北京建筑工业印刷厂印刷
*
开本：787×1092毫米 1/16 印张：18¾ 字数：288千字
2019年12月第一版 2019年12月第一次印刷
定价：**79.00元**
ISBN 978-7-112-24157-6
（34651）
版权所有 翻印必究
如有印装质量问题，可寄本社退换
（邮政编码 100037）

目录

中文版序

　　我与马克·夏凯星（Mark Sarkisian）先生相识已有 30 年。在上海金茂大厦的设计和施工期间，我和他密切合作，结下深厚的友谊，并一直保持至今。现在他的大作《高层建筑设计——以结构为建筑》第二版翻译成中文在国内出版，并嘱我作序，我非常高兴。

　　Skidmore，Owings & Merrill LLP（本书以下简称 SOM）在全球各地设计了众多优秀的建筑作品，塑造了很多地标性建筑，不断引领结构体系的创新。约翰·汉考克中心的巨型支撑结构、西尔斯大厦的束筒结构、金茂大厦的巨柱伸臂桁架结构，都代表了它们各自时代的创新，为高层建筑引入了新的结构形式。SOM 坚持建筑与结构的集成设计，根据建筑的需求来设计结构，也根据结构的需求来设计建筑。这两者相辅相成，达到和谐统一，结构实现建筑，结构也成为建筑。马克作为 SOM 的结构与地震工程合伙人，多年来在建筑结构集成设计、结构体系创新等方面不断探索，取得了很多成果。马克和他的同事在斯坦福大学等院校开设了设计课程，这本书是在此基础上总结扩充而成，是马克和同事们在结构创新方面所做探索的结晶。

　　这是一本有丰富实践经验的工程师编写的教科书，也是一本有坚实理论基础的教师编写的设计参考资料。本书第 1 章概述了高层建筑的发展和五个时代的划分。第 2~7 章依次介绍高层建筑结构设计需考虑的主要因素、场地、荷载、结构材料与体系。第 8 章介绍了各种结构体系的性能特点。第 9 章列举了自然界的形态对高层建筑结构的启发。第 10 章介绍了建筑结构中使用的机械装置，包括摩擦型消能减震装置。第 11 章介绍了性能化的抗震设计。第 12 章探讨了自然与环境为高层建筑结构设计带来的灵感，并对减少建筑的生态影响，实现可持续发展做了有益的思考、探索与展望。

　　马克几十年来活跃在设计一线，直接领导了 SOM 众多标志性高层建筑的结构设计。他对高层建筑结构的丰富经验和深邃见解，使得本书读来十分亲切实在并具启发性。书中结合 SOM 众多实际项目，包括中国的多个高层建筑进行探讨，内有不少图纸及照片，是建筑专业、结构专业学生和从业人士难得的参考资料，在结构优化、性能化设计、可持续发展等方面很有价值。

中国改革开放以来已经兴建了大量的高层建筑，随着城市化的发展，还会有更多的高层建筑出现。如何设计出高品质的高层建筑，同时降低对自然资源的消耗，需要业界人士共同努力。我推荐马克的书，希望和同仁一起放眼国际，将高层建筑设计水平进一步提高！

江欢成

2019 年 8 月

英文版序

　　21 世纪的一个主要挑战是设计智能的人类居所。在过去的 200 年中，全球人口从 10 亿增长到 69 亿。在不到 40 年里，全球人口预计将达到 90 亿。我们目前高消耗的发展模式依赖于耕地、水和能源的无限供给，这显然是不可持续的。今天的建筑和交通制造了大气中碳排放的三分之二。建筑置于何处、如何建造它们、人们如何在它们之间移动，是气候变化的重要课题。地球的未来取决于我们在这个新千年开始之际能否创造出以人为本的城市——密集、紧凑、高度宜居的城市环境。

　　实现这一目标的一个关键是美国发明的高层建筑。1871 年的芝加哥大火之后，芝加哥出现了詹宁斯、伯恩罕、沙利文等人引领的垂直建筑试验，这对我们这个星球的长期可持续性极为关键。这种建筑形式的最早先例在 20 世纪开始出现，而现在我们必须对其进行重新思考，认识到高层建筑不是简单的企业实力和城市荣耀的展现，而应该是人类居住方式的基础。

　　在物质资源有限的未来实现密集、紧凑、以人为本的垂直城市，需要建筑和结构工程的巨大创新。马克·夏凯星（Mark Sarkisian）和他的 SOM 同事们已经接受了这一挑战。他们的工作不是从柱子和梁开始，而是直接理解游戏中力的相互关系。他们超越了刻板的结构优化过程来考虑实现建筑全面效率的新方法，使得建筑形式在本质上成为解决方案的一部分。

　　马克在 SOM 的设计工作室中主张对结构和形式进行直观而有机的理解。为了支持这种精细的方法，他和同事们采用了非凡的新工具来实现创新。这些系统将计算分析与可视化模型相结合，类似于科学家在分子研究中将有机物形态和行为快速可视化的模型。这项工作是在一个多学科的协作环境中进行的，就像今天科学协作中的"群体智慧"模型。

　　马克和他的同事们已将这种协作模式从 SOM 的专业工作室扩展到学术工作室。多年来，SOM 与多个领先大学的合作为公司和学校带来了长期的互惠效应，分享灵感和科研成果。本书是在斯坦福大学开设的工程和建筑课程的直接成果，此课程由马克与建筑师布莱恩·李（Brian Lee）合作于 2007 年 10 月开始设立。这本书无疑能够为学生、教师、建筑和工程专业人士以及设计爱好者提供灵感和实践指导。

Craig W. Hartman，FAIA

2011 年 1 月

简介

本书旨在阐明高层建筑结构的设计过程，从基本概念和对场地的初步考虑出发，通过与自然生长和环境相关的先进原则发展成复杂的解决方案。作者的目标是对结构工程设计过程中的主要因素进行全面描述。在该过程的每个步骤引用了 SOM 所进行的工作作为实例。

本书中的工作代表了 SOM 建筑师和工程师数十年来的设计发展历程。作为一个综合实践，这些工作是多专业密切合作的成果，带来众多创新，尤其是在高层建筑设计方面。这些工作产生了先进的结构体系，体现了形式适应、材料效率和高性能。

本书的催化剂是 SOM 在斯坦福大学设立的集成设计课程中的结构工程课程。目标是教授建筑和结构工程设计，同时重点关注高层建筑设计的挑战，包括复杂的功能和场地因素。本书的每一章都是作为课堂讲座准备的，专注于设计过程中的特定主题。

本书首先介绍了部分高层建筑的历史、设计背后的灵感以及它们的设计所采用的早期分析技术。高层建筑设计的基本原则是以下列理念为前提发展的，即结构的设计和建造应该考虑简洁性、结构清晰性和可持续性。对场地的岩土工程、风和地震条件进行考虑，来自重力和侧向荷载（包括风和地震）的作用力根据设计需要进行荷载组合。引用了多个规范以介绍结构荷载计算的不同方法。

本书描述了高层建筑结构语汇，以便更好地理解主要结构构件和整个体系。采用结构图来描述主要结构材料的使用，如钢、混凝土和混合材料（钢和混凝土的组合）。描述了高层建筑的属性，包括强度和正常使用属性——建筑侧移、加速度和阻尼等。本书还描述了高层建筑特征，例如动力特性、与形状相关的空气动力性能、材料的布置和高宽比。

本书根据高度和材料建议了结构体系并进行了评述。在重力和侧向载荷作用下，这些体系利用最少的材料产生最大的效率。通过生长模式和自然形式等自然现象得到的启发，在发展高层建筑结构体系更先进的想法时进行了考虑。探讨了结构在承受荷载尤其是地震作用时的自然行为，考虑结构通过机械装置发挥作用而不是静态地承受。探讨了斐波那契数列和遗传算法等数学理论以及涌现理论在结构设计中的应用。

　　基于性能的设计已经成为高层建筑设计的一种重要方法，以处理设计规范未涵盖的情况。本书给出了考虑这种非规范设计方法的特殊步骤。最后，也许最重要的是，探讨了影响环境的若干因素，包括结构内含的能量和等效碳排放。

高层建筑设计

——以结构为建筑

第 1 章

渊源

1.1　历史概述

　　1871 年发生的火灾摧毁了芝加哥市，但是也让我们得以重新思考城市环境中的设计和建设，考虑工程中已经利用的建筑材料的局限，拓展对其他材料的认识，并设想和开发能够在更高建筑中运输人员和材料的垂直运输系统。

　　19 世纪后期，技术的进步带来了美国工业革命期间铸铁行业的发展。铸铁是脆性的，但是具有强度高和工厂预制的优势，能够在现场快速施工。第一座使用这项技术的多层建筑是位于芝加哥的家庭保险大楼（Home Insurance Building）。它建于 1885 年，并于 1890 年增建了 2 层，共计 12 层，高 55m（180ft）。此建筑目前已经被拆除，但我们认为它是第一座摩天大楼。

　　芝加哥的蒙纳德诺克大厦（Monadnock Building）建于 1891 年，共 16 层，高度达到 60m（197ft），采用了 1.8m（6ft）厚的无筋砌体墙。该结构是目前最高的无筋砌体承重建筑。信诚大厦（Reliance

大火中的芝加哥——兰多夫街大桥的逃亡（1871），芝加哥，伊利诺伊州

芝加哥家庭保险大楼，芝加哥，伊利诺伊州

对页图
威利斯大厦（原西尔斯大厦），芝加哥，伊利诺伊州

蒙纳德诺克大厦，芝加哥，伊利诺伊州　　蒙纳德诺克大厦底部细节，芝加哥，伊利诺伊州

Building）建于 1895 年，共 15 层，高 61.6m（202ft），采用了钢结构，是第一个采用幕墙体系的建筑。现在的建筑可以认为是在结构框架完成以后，使用建筑装饰层在外侧覆盖而成。信诚大厦仍然位于芝加哥的道富街（State Street），但是用途已经发生了变化（由办公楼改成了酒店）。1850 年对蒸汽和液压升降梯进行了实用性试验。截至 1873 年，伊莱沙·格雷夫斯·奥的斯在遍布全美的 2000 栋建筑中开发并安装了蒸汽升降梯。1889 年，第一个直接连接、齿轮传动的电动升降梯成功安装，标志着摩天大楼时代的来临。

　　20 世纪 20 年代末和 30 年代初，芝加哥以外的其他城市中心竞相角逐，高层建筑发展突飞猛进。1930 年，纽约的克莱斯勒大厦（Chrysler Building）成为世界最高建筑，帝国大厦（Empire State Building）随后建造并超过了克莱斯勒大厦。帝国大厦高 382m（1252ft），1931 年 4 月竣工（只用了一年零 45 天），比克莱斯勒大厦高出 62.2m（204ft）。该大厦的总租赁面积为 19.5 万 m²（210 万平方英尺）。它最重要的成就是通过建筑师、工程师、业主和承包商的密切合作而实现了惊人的规划和建造速度。

　　帝国大厦第一项建筑服务合同与 Shreve，Lamb & Harmon 建筑公司在 1929 年 9 月签署，1930 年 4 月 7 日第一根钢柱就位，6

信诚大厦，芝加哥，伊利诺伊州，左－钢框架，右－建成的大楼

个月后钢框架已经建造了 86 层（框架每天建造一层多）。全面完成的建筑，包括使得总高度相当于 102 层楼的拉索桅杆，于 1931 年 3 月（第一根钢柱就位后 11 个月）完工。启用仪式于 1931 年 5 月 1 日举行。结构工程师 H.G. Balcom（具有钢结构制造和铁路施工背景）与总承包商史德雷特兄弟与艾肯事务所（Starrett Brothers and Eken）密切合作，实现了系统化的施工过程。

在施工高峰期，现场有 3500 名工人，共安装了 57480t 钢材、47400m³（62000 立方码）混凝土、1000 万块砖、6400 扇窗户和 67 部升降梯。帝国大厦保持世界最高建筑长达 41 年，直到 1972 年纽约世贸中心（World Trade Center）建成。克莱斯勒大厦、帝国大厦和世贸中心都是用钢结构建造的。

学院派建筑师舞会（1931），纽约，纽约州

帝国大厦、洛克菲勒中心 RCA 大厦、克莱斯勒大厦，纽约摩天大楼麻布明信片（1943）

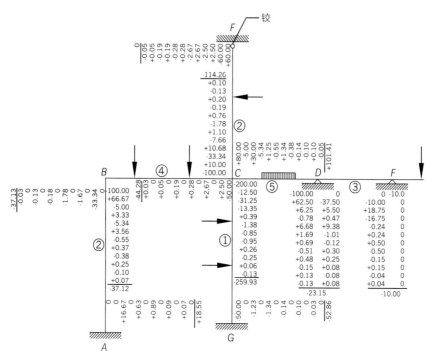

超静定结构的弯矩分配法

更加精细的结构手算技术的发展，包括哈迪·克罗斯（Hardy Cross）等著名工程师开发的方法，使工程师们可以分析、设计和绘制更容易建造的结构。在伊利诺伊大学工程系主任麦洛·凯彻姆（Milo Ketchum）的督促下，哈迪·克罗斯在 1930 年发表了一篇十页的论文，题为《基于固端弯矩分配法的连续框架分析》，展示了如何解决超静定结构的内力分布问题，这是结构分析中最困难的问题之一。

第二次世界大战期间，由于战争对钢铁的需求，美国国内的建设暂时中断。20 世纪 50 年代末 60 年代初，高层建筑的热情再次点燃。密斯·凡德罗（Mies van der Rohe）等著名建筑师利用钢结构创造了一种极简主义的建筑方法。他设计的著名高层建筑项目包括北湖滨大道 860-880 号（860-880 North Lake Shore Drive）（1951年）和北湖滨大道 900-910 号（1956年）。Skidmore，Owings & Merrill LLP（SOM）利用钢结构实现了无柱大开间设计，创造了布置灵活的开放式办公空间，同时也通过完成的建筑体现了开发企业的形象。这些建筑项目包括纽约利华大厦（The Lever House）（1952）、

利华大厦，纽约，纽约州

内陆钢铁大厦，芝加哥，
伊利诺伊州

布什街 1 号（前克朗泽勒巴赫大厦），
旧金山，加利福尼亚州，1959
（Photography by Morley Baer，©
2015 by the Morley Baer Photography
Trust，Santa Fe. Used by permission
—All reproduction rights reserved）

海事大厦 1 号（前美国铝业大厦），旧金山，加利福尼亚州，1967
（Photography by Morley Baer，© 2015 by the Morley Baer Photography Trust，Santa Fe. Used
by permission—All reproduction rights reserved）

威利斯大厦（原西尔斯大厦），芝加哥，伊利诺伊州　　　约翰·汉考克中心，芝加哥，伊利诺伊州

芝加哥内陆钢铁大厦（Inland Steel Building）（1958）、旧金山克朗泽勒巴赫大厦/布什街1号（Crown Zellerbach Building / One Bush Street）（1959）和旧金山美国铝业大厦（Alcoa Building）（1964）。

　　直到20世纪60年代末70年代初，高层建筑的分析、设计和施工才有了长足的进步。克雷计算机（Cray Computer）为很多结构的分析提供了计算能力，如芝加哥的约翰·汉考克中心（John Hancock Center）（1969年）和西尔斯大厦（Sears Tower）（1973年）。这些建筑多采用预制、多层、模块化的框架结构来缩短施工工期。主要由西安大略大学（University of Western Ontario）的艾伦·达文波特（Alan Davenport）和尼古拉斯·伊斯尤莫夫（Nicholas Isyumov）发展的风工程，能够提供关键风气候条件下建筑物反应的重要信息。克莱德·贝克（Clyde Baker）等工程师引领的岩土工程为中等甚至较差岩土条件下的建筑物提供了可行的基础方案。或许，最重要的贡献当属SOM已故合伙人法兹勒·汗（Fazlur Khan）为高层建筑开发的经济的结构体系。他的概念根植于基本工程原理，具有明确的、可理解的传力路径。他的结构设计与建筑紧密融合，很多情况下本身就成为建筑。

布伦瑞克大楼，芝加哥，伊利诺伊州

切斯纳特 – 德威特大厦，芝加哥，伊利诺伊州

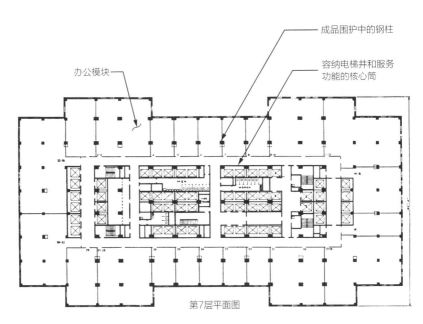

成品围护中的钢柱

容纳电梯井和服务功能的核心筒

办公模块

第7层平面图

帝国大厦，典型层平面图，纽约，纽约州

《财富》杂志的插图，1930 年 9 月，
摩天大楼比较图

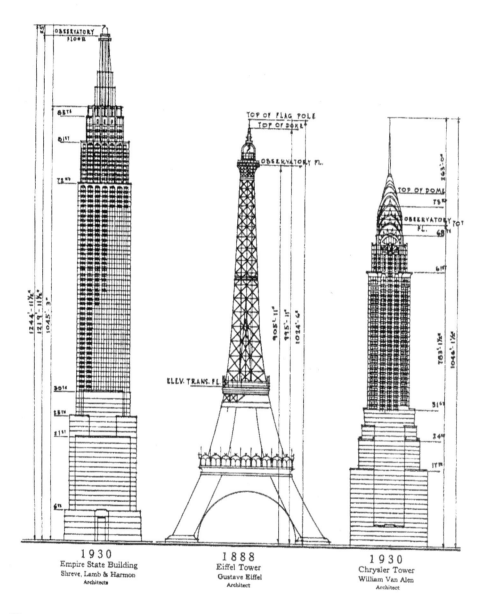

同时，SOM 还开发了钢筋混凝土高层建筑结构体系。随着人们对混凝土化学和物理特性了解的不断深入，以及混凝土抗压强度的不断提高，混凝土成为高层建筑结构中可替代钢结构的经济解决方案。位于芝加哥的布伦瑞克大楼（Brunswick Building）（1964 年）和切斯纳特 - 德威特大厦（Chestnut Dewitt Tower）（1965 年）是采用了这项技术的重要建筑。

塔楼的高度取决于材料强度、场地条件、结构体系、分析／设计能力、对结构性能的理解、使用功能、经济条件、美观、自我价值感等。高层建筑的概念是慢慢发展而不是突然建立的。对材料性能更深入的理解、更强的分析能力促进了发展和进步。老式计算机和克雷计算机已经被具有同等计算能力的笔记本电脑所取代。建筑和工程的协同发展带动着整个行业的进步。

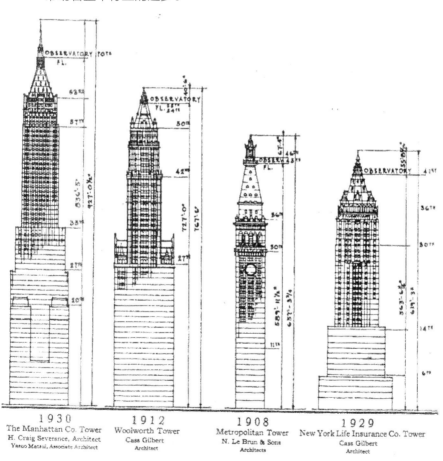

1.2 摩天大楼的五个时代

芝加哥大火之后出现的城市更新和机遇，首先是芝加哥世界哥伦布博览会带来的。博览会原计划于 1892 年（哥伦布发现美洲四百周年）举行，但由于丹尼尔·伯恩罕（Daniel Burnham）、威廉·霍拉伯德（William Holabird）、路易斯·沙利文（Louis Sullivan）、约翰·魏尔伯恩·鲁特（John Wellborn Root）等人的新想法，实际于 1893 年举行。博览会后，伴随着结构钢材的早期应用和结构工程技术的发展出现了第一个摩天大楼时代和芝加哥第一学派时代。这个时代引进了结构框架外覆外墙系统及使用客梯和货梯进行竖向交通的概念。第一个带有玻璃和结构骨架的立面形式由威廉·勒巴隆·詹尼（William Le Baron Jenny）设计，使用于莱特大楼（Leiter Building，1879）和后来被认为是世界第一栋摩天大楼的家庭保险大楼（1885）。詹尼是一个从事建筑师工作的土木工程师，被认为是芝加哥第一学派之父。詹尼、沙利文和鲁特等人设计出经济、实用、没有过多装饰的结构。1891 年完工的由鲁特设计的蒙纳德诺克大厦（Monadnock Building）是结构对传力路径做出回应的优秀代表，砌体墙的宽度与深度逐渐增大，直到基础。

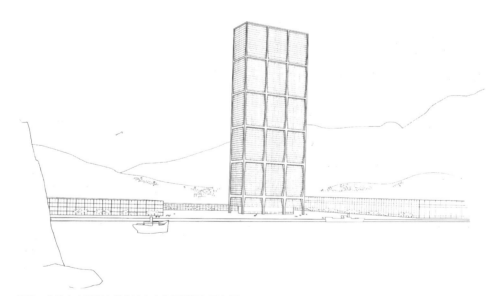

迈伦·戈德史密斯硕士学位论文中的巨型框架示意图

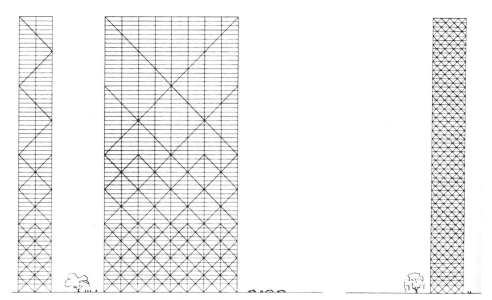

迈伦·戈德史密斯硕士学位论文中的支撑框架示意图

第二个摩天大楼时代采用钢材进行建设，同时也从经典的历史建筑范式中寻找美学灵感，包括希腊和罗马遗迹的风格和装饰。特别是在纽约，公司拥有的摩天大楼成了实力与繁荣的象征。克莱斯勒大厦、帝国大厦和洛克菲勒中心大厦成为这个时期的重要标志。

第二次世界大战前后一段时期工程建设大幅下降，在此之后的 20 世纪 50 年代后期，高层建筑的建造又开始了。摩天大楼的第三个时代和芝加哥第二学派的形成由密斯·凡德罗（Mies van der Rohe）和勒·柯布西耶（Le Corbusier）等欧洲建筑师主导。沉重的砌体外墙被金属和玻璃取代，同时艺术装饰风格（Art-deco）被强调结构表达的国际风格（International Style）取代，其表达方式是将结构暴露在建筑表面。密斯的一位学生迈伦·戈德史密斯（Myron Goldsmith），为这场现代主义运动做出了重要贡献。在他的硕士论文《高层建筑和尺寸效应》中，戈德史密斯考虑了代表着合理的传力路径与结构效率的具有不同模块和构形的结构。他理解高层建筑抗侧力体系中的巨型框架的刚度并不足以抵抗它受到的所有荷载，从而认识到可以使用填充在主框架中的次框架增大体系的刚度。他也认识到支撑框架可以沿建筑结构高度优美地转换，使其在侧向荷载需求最大的地方密度增大。

20 世纪 70 年代后期设计的很多建筑缺少某种特定的风格，而且重新采用了第二摩天大楼时代的建筑装饰。摩天大楼的第四个时代忽略了环境，并且在建筑结构上强加了装饰元素和夸张的饰面，雕刻般的意象和纪念性的表达支配了已经对现代主义感到乏味的建筑实践。法兹勒·汗（Fazlur Khan）强烈反对这一设计方法，认为这是异想天开而非理性的。更重要的是，他认为这些作品是对宝贵的自然资源的浪费。

汗将其对后现代主义的批评总结在 1982 年写给芝加哥建筑俱乐部的讲稿中，这篇文章却让他史无前例地当选了俱乐部的主席。汗写道：

> "如今看来钟摆又摆回到建筑与技术分离、建筑不去有意识地代表其结构逻辑的年代。对 30 年代甚至更早时期的怀旧影响了很大一部分建筑专业人员。在很多时候，塑造建筑立面成了主导性的工作。很显然，建筑后现代主义很大程度上是由于建筑师缺乏对材料性能和结构可能性的兴趣：建筑结构的逻辑又一次变得无关紧要了。这种态度倒是适合很多工程师，因为他们在工学院里被过度专业化了——将解决问题作为终极目标，而不是辩证地发展问题本身。"

汗在 1982 年写给建筑俱乐部讲稿的结尾包含了乐观的迹象。他总结道"但是逻辑和推理是人类存在的强有力的特征，在人类必须向自我完善的更高层级上升的过程中永远是重要的。在建筑中已经有迹象表明这些正在发生，新结构体系和形式又一次开始出现，进而新的建筑形式和审美开始形成。建筑中结构逻辑的钟摆在继续摆动。"而汗却在发表这个演讲前去世了。

因为汗对技术及其社会效应深感兴趣，他的作品的发展引领我们更全面地理解那些即将定义下一代摩天大楼的结构。下一个时代，即摩天大楼的第五个时代，将会关注高层建筑的整个生态，这个生态包含结构性能、材料类别、建设施工、最低资源消耗、结构内含的能量，以及可能是最重要的——一套综合的、集成的建筑体系方法，这将塑造这次运动。

白鹅潭城市设计总体规划，中国广州

　　这些建筑将会设计成能对荷载做出响应而不受损伤，能够再生而不仅是消耗资源的建筑也开始出现。LEED（Leadership in Energy and Environmental Design）只是开始唤起对负责任设计方法的认识，在限制建筑内含能量，或者对降低能耗提供财政激励后，其他的想法也会发展起来。

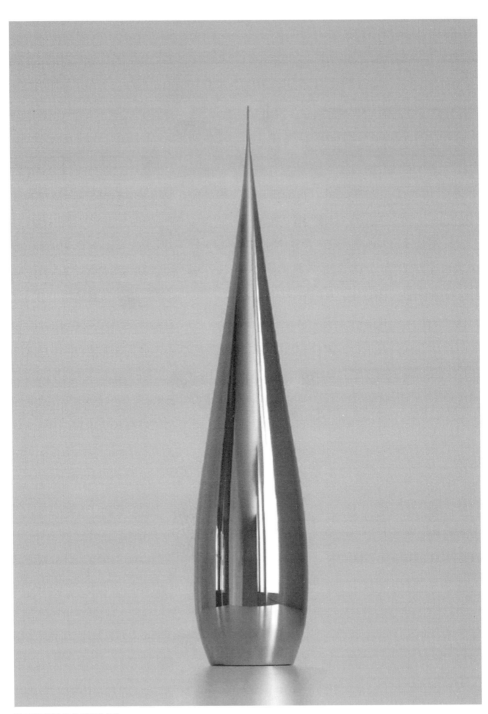

按风荷载优化的塔楼外形

第 2 章

原则

高层建筑设计的基本原则，特别是决定建筑形式的结构体系的原则，是综合考虑科学原理、工程应用、空间有效利用、自然资源保护和长期价值等因素的结果。不论是结构体系隐藏于建筑之内，还是直接表达建筑，可持续的建筑都建立在创新工程概念的基础之上。

2.1 指导原则

由于不可持续的人口增长和工业化进程，当今世界正面临着气候异常和自然资源枯竭的严峻挑战。简洁性、结构清晰性和可持续性不仅决定了建筑的视觉效果，也是高层建筑设计的指导原则。正是这三个原则使得工程师能够负责任地设计和建造高层建筑，从而应对气候变化并减少对资源的需求。

2.1.1 简洁性

形式简洁和概念纯正可能是实现高效的高层建筑设计最重要的原则。虽然也有例外，但是对称性、质量均匀性和对结构内力流的控制可以使材料用量最少。使用基本物理理论来设计体系性能，能够对自然环境和人造环境进行管理，使其和谐共存，并且实现最合理的材料配置。确定结构体系时必须考虑若干因素，包括方案设计、高度限制、岩土条件、可能存在的侧向荷载，以及与其他建筑物的关系以确定日照条件等。概念纯正是指结构工程与建筑目标相协调：结构直接体现建筑、没有多余的材料、体系具备多重目标。形式简洁和概念纯正已经发展成进一步提高结构性能的新理念，这样的实例包括抗弯框架发展成为框筒、框筒发展成为带支撑框筒，实现了高度增加而不显著增加结构材料。

2.1.2 结构清晰性

结构清晰性可以从建筑外观上理解，但最重要的是必须建立传力路径清晰的结构体系。其目标是在存在高度不确定性事件的环境中取得确定性。例如，地震动的方向、加速度幅值和位移是高度不确定的。在地震期间，高层建筑结构下分层的岩土条件使荷载状态进一步复杂化。在易于发生不确定性事件的环境下，一个内力流明确的荷载抵抗体系具有较大的确定性。地震活动引起的地面运动属于幅值和方向具有最高不确定性的荷载状况。

商人保险大楼，堪萨斯城，密苏里州

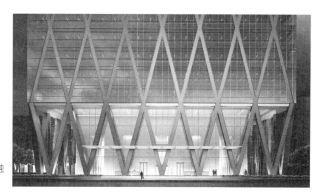

塔楼底部，国华金融
大厦，中国宁波

高层建筑的烟囱效应

2.1.3　可持续性

即使不能产生新资源，高层建筑最终也应该设计和建造成自给自足的。结构本身或局部城区应设计为能够产生日常运行所需电力，可以收集雨水、处理和再利用废水，甚至生产食物。

高层建筑结构必须具有韧性，采用提高性能和延长使用寿命的系统。通过高性能建筑、设备和结构体系，这些结构的使用寿命得以延长。结构应尽量采用可回收材料，并且在当地供应。混凝土是世界上使用最多的建筑材料，因此设计应使用炉渣等掺合料来取代碳排放量高的水泥。每类主要建筑部品应设计成至少具有两个功能。例如，结构应该能够控制热量输入，外墙系统不仅能控制室内环境还可以发电，基础系统可以通过地热技术实现水循环，从而有助于降低对机电设备系统的需求。

2.2 设计荷载

高层建筑结构的设计荷载包括永久荷载和瞬时荷载。重力荷载属于永久荷载，风荷载、地震作用、温度作用和雪荷载属于瞬时荷载。结构自重是永久的，具有高度的确定性，而附加荷载则根据其性质而不同。外墙荷载比较容易确定，但隔墙、天花板和设备系统荷载不易确定。考虑到所有的最大荷载不可能同时出现，重力荷载和瞬时荷载进行组合时要考虑折减系数。

2.2.1 重力荷载

将重力荷载分配到竖向支承构件对控制高层建筑结构的行为是至关重要的。这些荷载可用作配重，减少或消除倾覆效应。配重荷载是基础设计考虑的重要因素，特别是在结构体系抗拔能力有限的情况下。另外，基础转动会转化为高层建筑的顶部位移。均匀分布的重力荷载对于减少或消除不均匀沉降非常重要，这些不均匀沉降可能产生结构顶部大的位移。更重要的是，重力荷载对基础偏心时，P-delta 效应

与渐增的重力荷载相对应的柱尺寸变化，壳牌广场一号楼，休斯敦，得克萨斯州

可能产生整体弯矩。由于荷载随着建筑物高度而增加，柱和墙等竖向结构构件在结构底部的尺寸或材料强度应随之增加。

2.2.2 风荷载

所有高层建筑都受风荷载的影响。各个地区的风荷载大小、主要风向和邻近地形的影响各不相同。建筑规范根据历史气象数据以及基于理论和试验的荷载公式确定风荷载。由于风荷载的复杂性，模拟边界层的风洞模型对于高层结构非常重要，风洞试验应该考虑现有和未来新建结构的影响。

强度和正常使用性是两个主要的考虑因素。高层建筑结构的强度设计一般按适当的规范和标准用 100 年重现期风荷载来进行。更长重现期的风荷载通常用于考虑结构的稳定性。采用 1000 年甚至更长重现期的风荷载对高层建筑结构进行稳定性评估，此时采用实际预期的材料强度，且不考虑额外的荷载系数。50 年重现期风荷载通常用于正常使用校核，主要是建筑侧移；同时，更短的重现期通常用于评估人对建筑物运动的敏感性，常取 1 年和 10 年重现期。

对于风荷载效应，最重要的考虑因素可能是结构本身。优化高层

立面开洞降低风荷载，保利地产总部，中国广州

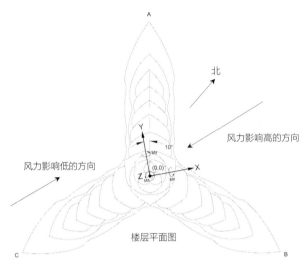

最小化风力效应的立面收进和塔楼朝向，哈利法塔，阿联酋迪拜

建筑的外形、立面上开洞以及在场地上的朝向都会极大地影响高层建筑风荷载大小，并且在强度和正常使用抗风设计工况中显著减少材料用量。

哈利法塔（Burj Khalifa）针对风荷载进行了精心的设计优化。对建筑立面的缩进和建筑朝向都进行了优化以减少风荷载。风洞模拟试验显示施加在塔楼尖头处的风力（图中施加在 A 点、B 点和 C 点的风力）比施加在塔楼侧面的风力（图中施加在 A 点、B 点和 C 点之间的风力）对结构的影响小，这是流体劈裂效应的结果。塔楼的朝向使得主要风力方向作用在塔楼的尖头处。

塔楼沿高度的退台打乱了旋涡脱落。这些漩涡沿建筑物高度无序变化，降低了风的影响。这些措施加上结构固有质量和刚度，使得建筑不需要额外增加阻尼。

与通常想法不同的是，高层建筑结构设计通常由横风向振动而非顺风向振动控制。出现这种现象的原因是风施加在塔楼上的结构动力效应，以及风产生旋涡脱落时施加在塔楼侧面的法向力。从塔楼底部到顶部，风压随着高度增加，结构受力也从塔楼顶部到底部逐渐累积增加。

与阵风对应的高频振型，可能在低阻尼情况下引发高层塔楼的共振效应。

风洞试验，哈利法塔，阿联酋迪拜

2.2.3　地震作用

　　由地震地面运动产生的高层建筑结构内力可以通过下列物理学基本方程来计算，$F = $ 质量 × 加速度。惯性力在结构内部产生并累积，在结构的基础处内力达到最大。塔楼的地震质量比较容易计算，但设计加速度的计算比较复杂。

　　确定特定场地的预期地面加速度只是计算加速度的第一步。结构本身的动力特性更加重要。如果结构是无限刚性的，则结构将承受由质量和地面加速度的乘积得到的最大力，地面在给定方向上的最大加速度称为峰值地面加速度（PGA），这意味着质量跟随地面一起运动。如果结构是无限柔性没有刚度的，那么相对于地面的运动结构将保持静止，并且塔楼中不会产生内力。所有结构都介于这两个极端状况之间。一般来说，较柔的结构从地面运动吸引的力小于较刚的结构。因此，只要对预期地面运动进行了合理的设计，高层建筑结构在地震中的性能比矮的刚性结构更好。

　　影响结构地震需求的其他因素是场地土特性、延性和阻尼。软土可以放大地面运动，增大对塔楼的作用效应。延性与地震过程中结构能量耗散大小有关。结构体系的延性越高，受到的力就越小。因此，采用柔性抗弯框架（行为主要由构件弯曲控制）的塔楼比采用支撑框架（构件通常承受轴向力）的塔楼受到的地震作用更小。最后，阻尼是加速度高低的关键，因此也是结构承受地震作用大小的关键。结构内的阻尼越高，结构承受的地震作用越小。

通常，结构振动的基本周期将决定结构的行为，尤其是周期在 2s 以内或 20 层以下的结构。形状和质量规则的结构的基本周期通常与平动振型相关，如果结构是不规则的，则可能与扭转振型相关。基本周期是结构完成一个完整的往复运动所需的时间。对于高层塔楼，由于激励了高频率相关的质量，高阶振型会产生很大内力。

2.3 形式和响应

高层建筑结构特别容易受到环境条件的影响。通常，当受到大风时，收分的塔楼比平面尺寸沿高度不变的塔楼更有利于抗风，因为塔楼远离底部的楼层受风面积减少，而弯矩 = 力 × 距离，因此塔楼底部的弯矩显著减小。收进变化也可以减小地震作用，因为距底部越远结构的质量越小。

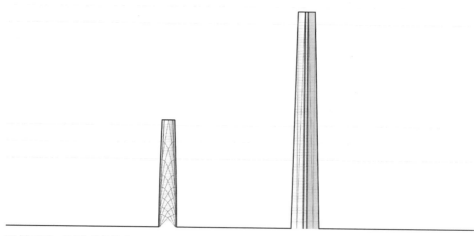

形式与响应—比例与结构体系

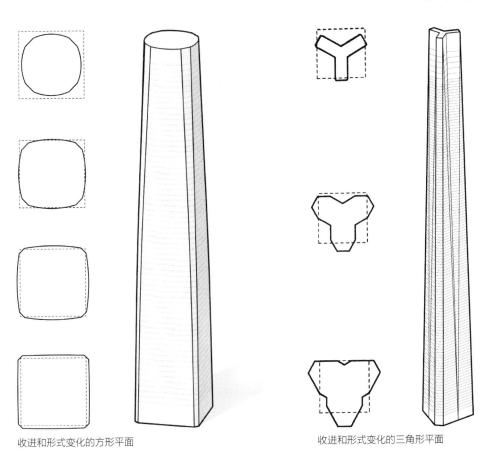

收进和形式变化的方形平面　　　　　　　　　　　收进和形式变化的三角形平面

　　具有较大高宽比（高度与结构最小平面尺寸的比值）的塔楼，其结构体系的比例设定可以不同。

　　这些塔楼的结构体系随着使用面积要求和高度而变化。例如，较矮的塔楼其比例可设定为单层面积最大化，而较高的塔楼单层面积较小、高度较大。矮塔楼的结构体系可以充分利用平面尺寸相对较大的优势，用优化的框架结构体系承受侧向荷载。在更高更细长的塔楼中，当通过伸臂桁架或伸臂墙（类似于使用拐杖行走时用于保持稳定性的手臂）将竖向构件与核心筒相连时，抵抗倾覆弯矩的效率更高。

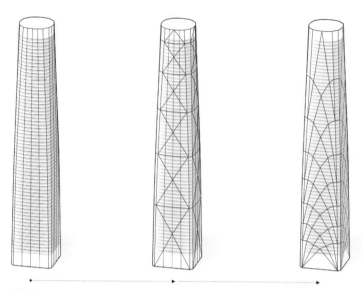

结构体系的演化：简体 – 支撑 – 优化支撑

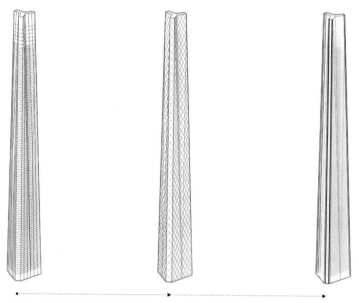

结构体系的演化：框架筒 – 斜网格 – 巨柱

2.4 刚度和柔度

高层建筑设计的两难之处是设计的体系能够承受多种荷载并平衡刚度和柔度。高层建筑经常在强风和强震地区进行设计和建造。

结构体系的刚度必须足够大，以便在受到风荷载作用时控制位移和加速度。抗风高层建筑最有效的设计是避免构件受弯，实现这一目标的最佳方法是采用支撑体系。我们希望同一结构在地震中也性能优良，而地震荷载可能比风荷载大许多倍。地震中结构刚度越大承受的地震作用越大。因此，最好的结构体系是具有柔性或延性的体系。延性可以通过材料的状态变化来实现，例如钢材在荷载作用下产生永久变形（变成塑性）。一个更好的设计是通过"保险丝"机制实现可塑性，比如通过摩擦"保险丝"等装置耗散能量。

建筑物的基本周期（T）、自由振动的固有频率，是理解刚度和柔度的关键：

$$T = 2\pi \sqrt{M/K}$$

其中，

M = 结构质量

K = 结构刚度

对于具有相同质量的结构，减小刚度会增大周期。当高层建筑同时承受两种类型的侧向荷载时，能够改变刚度的结构体系是实现良好性能、适应性和韧性的关键。

2.5　材料

除了安全性，高层建筑内使用的材料应根据多种因素进行评估。由于材料的使用是对建筑结构碳排放量贡献最大的因素，因此合理高效使用材料至关重要。除了考虑材料内含的碳排放量，施工速度、未来更改的灵活性、自重、梁高，甚至质量密度（在结构内储存能量的大小）都很重要。

高层建筑的水平楼面结构体系对于决定材料总用量非常重要。例如，假设结构的侧向刚度相同，质量较小的楼面结构比质量较大的楼面结构带来的地震作用小。在楼层吊顶高度相同时，高度较小的楼面结构可以减少外墙和设备系统的材料用量。

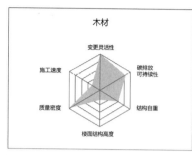

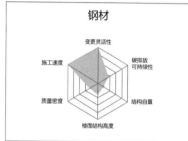

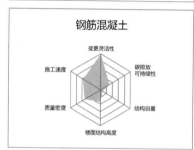

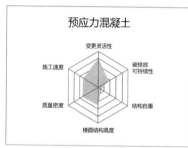

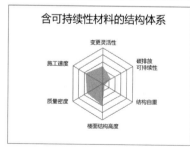

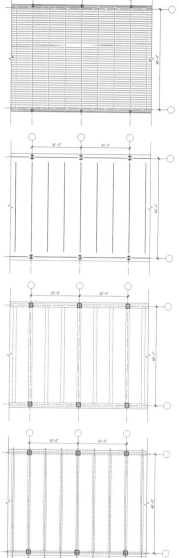

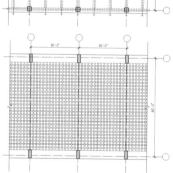

楼面结构体系的多
变量评估[18m×9m
（60ft×30ft）模块]

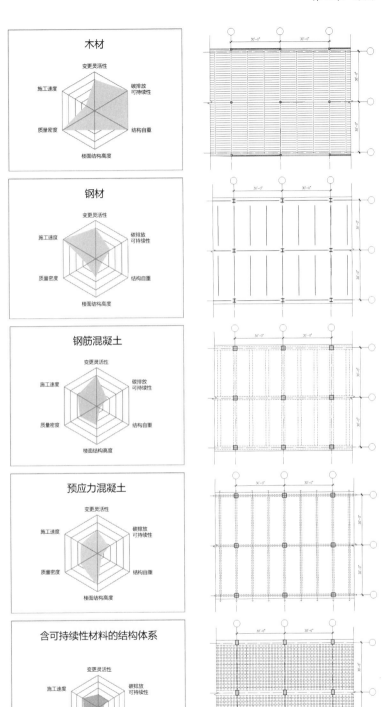

楼面结构体系的多变量评估 [9m×9m（30ft×30ft）模块]

2.6 概念

在设计早期通过概念定义结构体系非常重要，包括水平结构以及承受竖向重力和侧向荷载的构件。这些体系直接取决于建筑功能、可用材料、施工时间和环境影响。

系统集成对确定机电设备系统和外墙系统的初始方案也很重要。楼层层高通常对初步概念、成本和项目性能非常关键。工程项目通常有高度限制，因此限制楼层层高、尽量加大楼层净高很重要，可以让使用空间具有更好的光照和灵活性。

估算材料用量对于确定项目成本非常重要。因此，对结构体系和主要构件的材料用量进行对比是很重要的。最后，工厂预制是减少现场施工时间的重要考虑因素。因此，发展预制装配构件体系是概念设计的重要考虑因素。

沃肯 48 街区设计竞赛，西雅图，华盛顿州

塔楼结构透视图，沃肯 48 街区，西雅图，华盛顿州

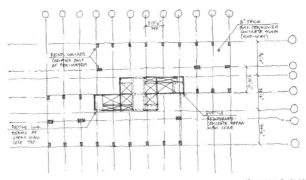

TYPICAL STRUCTURAL SYSTEM FLOOR PLAN
B NOT TO SCALE RESIDENTIAL TOWER

REINFORCED CONCRETE "CORE ONLY" LATERAL SYSTEM WITH PERIMETER GRAVITY COLUMNS AND POST-TENSIONED FLAT PLATE
VULCAN BLOCK 48 3 NOV 13 SOM

住宅楼的钢筋混凝土核心筒结构体系，沃肯 48 街区，西雅图，华盛顿州

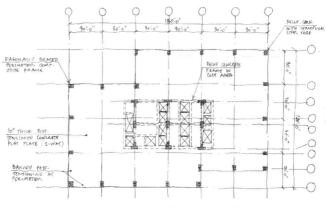

TYPICAL ALTERNATIVE STRUCTURAL CORE
A NOT TO SCALE OFFICE TOWER
ALT. CORE

ALTERNATIVE CENTRAL CORE FOR PERIMETER COMPOSITE BRACED FRAME COMBINED WITH POST-TENSIONED FLAT PLATE FLOOR SYSTEM
VULCAN BLOCK 48 5 NOV 13 SOM

办公楼的混合结构体系，沃肯 48 街区，西雅图，华盛顿州

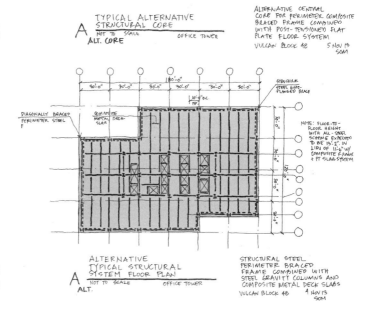

ALTERNATIVE TYPICAL STRUCTURAL SYSTEM FLOOR PLAN
A NOT TO SCALE OFFICE TOWER
ALT.

STRUCTURAL STEEL PERIMETER BRACED FRAME COMBINED WITH STEEL GRAVITY COLUMNS AND COMPOSITE METAL DECK SLABS
VULCAN BLOCK 48 1 NOV 13 SOM

办公楼的钢结构体系，沃肯 48 街区，西雅图，华盛顿州

31

办公楼立面概念，沃肯 48 街区，西雅图，华盛顿州

典型楼层剖面图，住宅楼，沃肯 48 街区，西雅图，华盛顿州

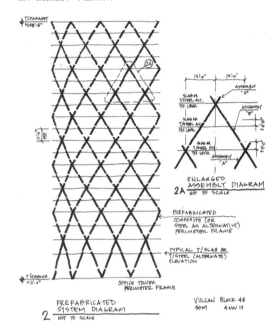

预制周边支撑体系概念，办公楼，沃肯 48 街区，西雅图，华盛顿州

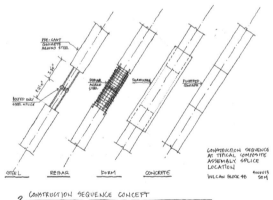

支撑体系的施工次序概念，办公楼，沃肯 48 街区，西雅图，华盛顿州

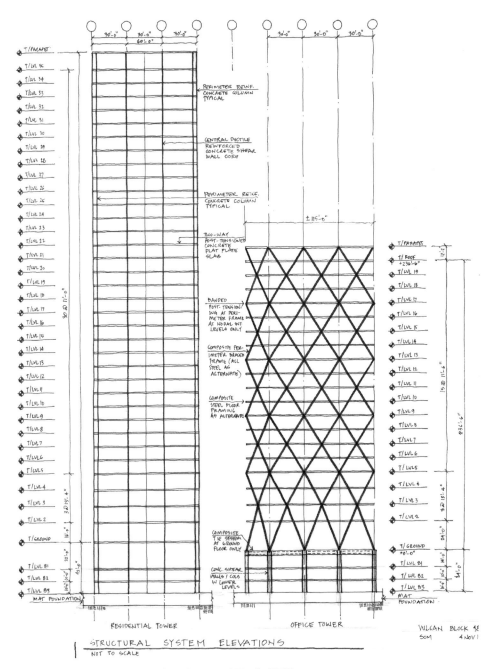

STRUCTURAL SYSTEM ELEVATIONS
NOT TO SCALE

住宅和办公楼的结构体系立面，沃肯 48 街区，西雅图，华盛顿州

2.7　能建多高?

视情况而定。材料强度是限制因素，但也许更重要的是超高层建筑的经济可行性。经济可行性与可出售或租赁的净使用面积直接相关。随着塔楼高度的增加，净使用面积通常会减少。

竖向结构构件考虑到其自重时可以达到以下高度：

混凝土 [抗压强度 = 34.5MPa（5000 psi 或 720000 psf）]=1502m（4965ft）

混凝土 [抗压强度 = 69MPa（10,000 psi 或 1440000 psf）]=3028m（9931ft）

钢材 [屈服强度 = 345MPa（50,000 psi 或 7200000 psf）]=4480m（14694ft）

钢材 [屈服强度 = 449MPa（65,000 psi 或 9360000 psf）]=5824m（19102ft）

这些高度是由以下公式确定的：

高度 = 材料强度（psf）/ 密度（pcf）

其中，

混凝土密度 = 2323kg/m^3（145 pcf）

钢材密度 = 7850kg/m^3（490 pcf）

研究人员和经济学家得出的结论是，楼层净面积效率（NFA）至少要达到 75% 才能使高层建筑有利润。低的 NFA 值很常见，根据记载，很多 20 世纪 90 年代建造的高层建筑在 70%~75% 之间。近年来，开发商要求 NFA 效率达到 80%，甚至高达 90%。这些目标越来越具有挑战性，因为新建高层建筑的平均高度持续增加，对建筑系统的要求也相应增加。当建筑物特别高（高度 >200m）时，高于 75% 的 NFA 更加难以实现。

平均而言，建筑系统占用面积约为总建筑面积（GFA）的 23%，包括 12% 核心筒功能、5% 结构面积、4% 电梯井面积、1% 机电设备竖井面积和 1% 楼梯面积。核心筒功能包括走廊、前室、大堂、电气和给水排水管道间、清洁用具间等。结构面积是结构体系的平面面积，包括外包的面层。

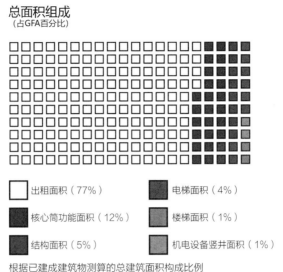

总面积组成
(占GFA百分比)

☐ 出租面积（77%）	■ 电梯面积（4%）
■ 核心筒功能面积（12%）	▨ 楼梯面积（1%）
▨ 结构面积（5%）	▨ 机电设备竖井面积（1%）

根据已建成建筑物测算的总建筑面积构成比例

随着建筑物高度的增加，垂直运输、设备系统和结构所需的空间也随之增加。为了理解这些系统的影响，考虑以下假设：

结构体系

按照 EA Tool™ 工具采用的材料用量估算方法来计算结构自重，可估计柱、墙和支撑等结构构件所需占用的楼层面积。假设附加恒载为 0.7kPa，活载为 3.8kPa，这些荷载均匀地施加在总楼层面积上，总重力是从建筑物顶部到底部的总和。每层的总荷载除以所选材料的屈服强度来估算结构所需面积。为考虑抗侧力体系额外需要的材料，将屈服强度乘以一个因子。在强震地区屈服强度要乘以 0.25；在强风地区屈服强度要乘以 0.4；在中等风或中等地震地区屈服强度要乘以 0.5。在所有情况下，结构面积取值不小于总楼层面积的 3%。

通过这种方法，考虑建筑物的形状、高度、材料以及施加的重力荷载和侧向荷载可以确定所需结构材料的平面面积。对于钢材，材料的平面面积相对较小，但通常型钢必须做防火保护并封闭在装饰层内。因此，考虑防火和矩形的外装饰面，计算的结构钢材面积要乘以 10。

电梯系统

通常单个电梯轿厢需要 9m² 的楼层面积。45 层以下的塔楼根据用途通常会有 6~8 部客运电梯。对于 45 层以上的建筑物，首层可能出现多组电梯，最多可达 18 部。在非常高的建筑物中，电梯组将堆叠，并且每 45 层引入空中电梯大堂。六部电梯可以服务大约 15 层楼。如果一座 45 层的塔楼中有 18 部电梯，那么电梯将分为三组，每组有 6 部客运电梯为 15 层楼提供服务。为较低的 15 层提供服务的电梯将停在其所服务楼层的顶层，其上方楼板面积可以使用，从而增加 NFA。通常每个空中大堂还应该留出一个服务电梯和一个直达电梯的余量。

建筑设备系统

对于采用核心筒的楼，核心筒面积平均占总面积的 20%。这个比例会随着高度而略有不同。

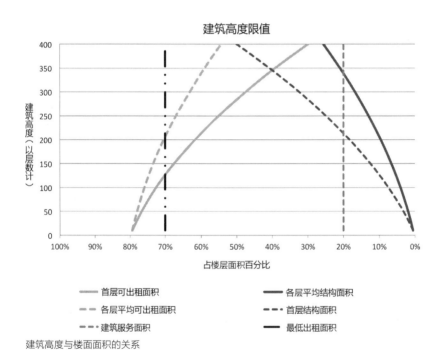

建筑高度与楼面面积的关系

根据这一关系，各层平均结构面积从零高度楼房的理论值零，增加到 400 层结构的约 25%。而首层结构面积从零高度楼房的理论值零，增加到 400 层结构的约 50%。各层平均可使用面积、首层可使用面积可以用类似的方法估算。

哈利法塔基础，阿联酋迪拜

第 3 章

场地

塔楼设计需要考虑主要场地因素包括风、地震和岩土工程条件的影响。这些条件可以是规范规定的，也可以基于特定的场地条件。场地条件可以通过分析手段进行模拟，以重现塔楼在预期事件发生时的行为。

高度 200m（656ft）或以上的结构，即使是采用钢筋混凝土（质量大于钢结构）且位于中等强度地震区域的结构，经常受风荷载而非地震作用控制。这绝不会减少对结构延性、构造和冗余度的要求，但较高的高度确实意味着结构更柔、基本周期更长，约 5s 或更长，所受的惯性力小于较矮的、周期较短的结构。

必须考虑软土条件、近断层效应和潜在的地震烈度，它们可能改变结构的主要性能。实际上，经受设计基准地震（475 年一遇，50 年内超越概率 10%）时，上部结构的某些关键构件可能要考虑保持弹性。例如，塔楼内间隔布置的伸臂桁架的钢构件可能要按这种水准地震力考虑，以在极端地震作用下达到令人满意的性能。

3.1 风荷载

3.1.1 基本作用

风荷载以直接正压力的形式施加在面对风向（迎风面）或垂直于风向的表面上。这种现象是空气质量运动的结果，通常在结构上产生很大的力，除非塔楼具有高度流线外形。塔楼的背风侧（风向的相对面）通常出现负压或吸力。由于风像液体一样流动，因此与风向平行的表面上存在阻力效应。这些表面上的风压可能有正有负，但阻力效应会

风的流动，约翰·汉考克中心，芝加哥，伊利诺伊州

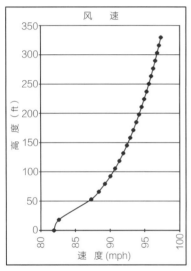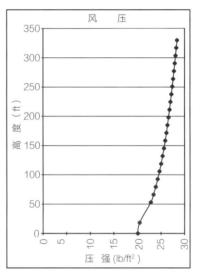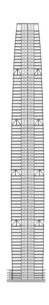

风速与风压对比图

增加塔楼上的总作用力。这三种效应的叠加结果通常就是塔楼上的净作用力。然而，对于非常高或非常细长的结构，它们的动力特性可能放大风作用力。对于这些结构，常出现横风向运动。实际上，很多较高的结构都是由这种行为控制的。即使在低风速下，如果该风速通过涡旋脱落产生的脉动力与结构的自振周期相匹配，也会发生这种动力效应。

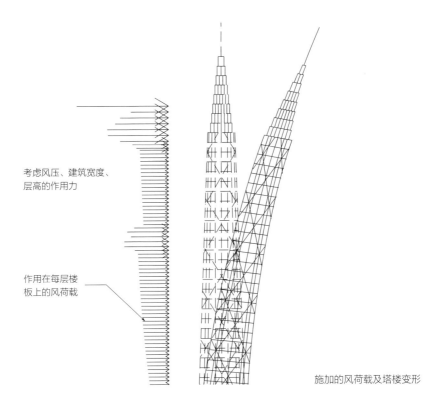

考虑风压、建筑宽度、
层高的作用力

作用在每层楼
板上的风荷载

施加的风荷载及塔楼变形

风速和风压之间的一般关系是：

$$P = 0.003V^2$$

其中，

　　P = 静止物体上的等效静压强（lbs/ft^2）

　　V = 风速（miles/hr）

虽然对于给定的地理区域风环境是大致相同的，但是场地的局部
地形对预期风压具有很大的影响。例如，结构位于开阔地形中受到的
风压明显高于在城市高层建筑密集区受到的风压。

可以使用规范规定的风荷载标准作为所有高层建筑设计的基础；
然而，这些标准对于高层塔楼通常过于保守。40 层或更高的建筑物应
当通过风洞试验评估实际结构行为。这些研究可以合理地评估场地风
环境，通常可以降低建筑设计风荷载，并为外围护以及首层行人环境
提供准确的局部风效应。

风洞试验应包括：

a. 临近模型 / 风环境（在 0.8km 或 0.5miles 范围内的建筑详细建模）以及基于历史数据的风气候分析

b. 外墙测压管模型

c. 行人风环境分析

d. 力天平结构模型

e. 气动弹性结构模型（高度超过 300m（984ft）的建筑可考虑）

3.1.2 规范要求

美国土木工程师协会《建筑物和其他结构的最小设计荷载》ASCE 7-10 第 31 章允许进行合理的风洞试验来确定任何建筑物或结构的风荷载来代替规范公式；但是，许多强制条文要求必须使用规范定义的最小荷载来进行强度设计。在大多数情况下，除了外墙设计外，合理的风洞试验研究还可用于评估结构的正常使用性能，包括侧移和加速度。这通常会导致结构刚度大幅度降低。2012 年《国际建筑规范》IBC 中包括了 ASCE 7-10 的大部分条文，它允许建筑结构的最小基本风荷载由以下设计步骤确定：

1. 确定建筑物的风险类别。

2. 确定极限设计风速 V_{ult} 和风向系数 K_d。

3. 计算暴露类别和风压暴露系数 K_z 或 K_h。

4. 计算地形系数 K_{zt}。

5. 确定阵风系数 G 或 G_f。

6. 确定外皮封闭类别。

7. 计算内表面风压系数 GC_{pi}。

8. 计算外表面风压系数 C_p，C_N 或 GC_{pf}。

9. 计算合适的风压 q_z 或 q_h。

10. 计算设计风压 p，其中刚性建筑物的 p 为：

$$p=qGC_p-q_i\left(GC_{pi}\right)$$

和

$$q_z=0.00256K_zK_{zt}K_dV_{ult}^2\left(\text{lbs/ft}^2\right)$$

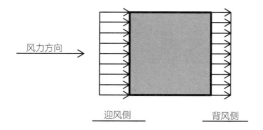

风力方向 →

迎风侧　　　　　　　背风侧

　　IBC 规范是根据地面以上 10m（33ft）处测量 3s 阵风风速制定的。IBC 2012 规范更新了风速图，给出了极限设计水准风速。有些正常使用极限状态验算如果基于以前规范版本的风速值，则可用规范提供的以下公式进行转换：

$$V_{asd}=V_{ult}\sqrt{0.6}$$

其中，

　　V_{ult} = 时距 3s 阵风极限设计风速（可从 IBC 2012 中的风速图得到）

　　V_{asd} = 时距 3s 阵风名义设计风速（相当于 2012 年之前 IBC 版本中风速图的基本风速）

　　根据 1997 年《统一建筑规范》UBC，建筑设计基本风压定义为：

$$P=C_eC_qq_sI_w$$

其中，

　　P = 设计风压

　　C_e = 高度、暴露和阵风组合系数

　　C_q = 结构风压系数

　　q_s = 按最快英里风速计算的标准高度 10m（33ft）处的风压（最快英里风速是根据一英里长的空气样本通过某一固定点所需的时间来计算的最高平均风速）

　　I_w = 结构重要性系数

　　大多数建筑规范都是基于 50 年回归周期的风进行建筑结构的强度和正常使用设计。然而，在某些情况下必须考虑 100 年一遇的风，特别是与建筑物变形相关的设计。设计风压通常增加至少 10%。

　　中国的国家设计规范《建筑结构荷载规范》GB 50009—2012 第 8 章规定了垂直于建筑物表面上的风荷载标准值按照下式计算：

$$w_k = \beta_z \mu_s \mu_z w_0$$

其中：

　　w_k = 风荷载标准值

　　β_z = 高度 z 处的风振系数

　　μ_s = 风荷载体型系数

　　μ_z = 风压高度变化系数

　　w_0 = 基本风压，标准高度 10m 处的 10 分钟平均风速

基本风压 w_0 是基于 50 年重现期的，用于强度和变形设计。对于高于 60m（197ft）的建筑，强度设计应该基于 1.1 倍 w_0。

金茂大厦风洞试验

3.1.3 风的理性考虑

一般的风荷载可以分为两个部分：静态和动态。风的大小、方向、与附近结构的间距非常重要，包括现在和未来的结构。通常情况下，未来规划的建筑物（如果在设计时已知为总体规划的一部分）可能对本结构有动力影响，从而使风力放大，考虑此效应使得设计更加保守但更合适。例如，在上海金茂大厦设计时，邻近的街区内规划了两座更高的塔楼，设计风力由邻近建筑物风涡旋脱落带来的动力效应控制。

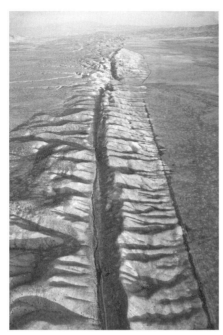

圣·安德烈斯断层，卡里佐平原，加利福尼亚州　　1995 年阪神地震毁坏的建筑

这种现象使作用于金茂大厦的风力放大了 33%。

　　近年来，计算流体动力学（CFD）建模技术广泛地用于研究高层建筑的抗风性能。但风洞环境中的物理建模是确定一般风效应的最佳方法，通常可以得到最准确的结果。

3.2　地震作用

3.2.1　烈度

　　地震烈度是基于对人员、建筑物和其他对象的损害以及其他观察到的影响的定性评价。烈度随着地震影响区域内的位置变化。人口稠密地区的地震可能导致许多人伤亡和相当大的破坏，同一地震在偏远地区可能不会导致破坏或人员伤亡。最常用于衡量主观烈度的烈度表是 1931 年由美国地震学家哈利·伍德（Harry Wood）和法兰克·纽曼（Frank Neumann）提出的修正麦加利地震烈度表（Modified Mercalli Intensity，MMI）。该烈度表由 12 个逐渐增加的烈度级别组成，

强烈地面运动的结果，
Olive View 医院（1971），
希尔马，加利福尼亚州

以罗马数字表示，涵盖了不易察觉的运动（烈度 I）到灾难性的破坏（烈度 XII）。完整烈度表的定性描述如下：

I 度 – 除非在特定条件下，否则没有感觉。

II 度 – 只有少数正在休息的人，特别是建筑物上部楼层的人能够感觉到。精巧悬挂的物体可能会摆动。

III 度 – 室内人员感觉非常明显，特别是在建筑物的上部楼层。许多人没意识到是地震。停止的车辆可能会轻微摇晃，振动类似于卡车的通过。持续时间是估计的。

IV 度 – 在白天，室内许多人能够感觉到，户外少数人可以感觉到。在晚上，部分人被震醒。碗碟、窗户、门受到扰动；墙壁发出破裂声。像重型卡车撞击建筑物的感觉。停止的车辆摇晃明显。

V 度 – 几乎每个人都可以感觉到，许多人都震醒。有些碗碟、窗户破碎。不稳定的物体翻倒，摆钟可能会停止。

VI 度 – 所有人都能感觉到，许多人受到惊吓。一些家具发生移动。墙皮发生一些脱落，会发生轻微的破坏。

VII 度 – 合理设计和建造的建筑物基本不会损坏，建造良好的普通结构轻微至中等损坏，建造较差的结构发生较大的破坏。有些烟囱损坏。

VIII 度 – 特殊设计的结构轻微损坏，普通大型建筑物破坏明显，部分发生倒塌，建造较差的建筑物严重损坏。烟囱、工厂货架、柱、纪念碑、墙壁倒塌。重型家具翻倒。

IX 度 – 特殊设计的结构发生很大的损坏，设计良好的框架结构倒塌，大量建筑物严重损坏，部分发生倒塌。建筑物脱离基础。

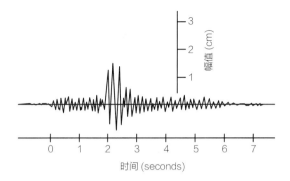

地震仪记录的地震波图像

Ⅹ 度 – 一些设计良好的木结构毁坏，大多数砖石和框架结构连同基础一起破坏。铁轨严重弯曲。

Ⅺ 度 – 很少（如果有的话）砌体结构仍然站立。桥梁毁坏，铁轨严重弯曲。

Ⅻ 度 – 全面破坏，地形改变，物体被抛掷到空中。

3.2.2　震级

最常用的地震强度度量是根据 1935 年加州理工学院的查尔斯·里克特（Charles F. Richter）提出的方法确定的。地震的震级 M 为地震仪记录的最大振荡幅值的对数值：

$$M = \log_{10}(A/A_0)$$

其中，

A = 记录的最大振幅

A_0 = 标准（标定地震）地震下记录的振幅

A_0 通常等于 3.94×10^{-5} in（0.001mm）。

上述公式假设地震仪距震中 100km（62miles）。对于其他距离，必须使用诺谟图来计算 M。

由于计算 M 的公式是基于对数坐标的，因此震级每增加一级，表示测量振幅增加十倍。里氏震级 M 通常用整数和十进制数表示。例如，5.3 通常对应于中等地震，7.3 通常对应于强震，7.5 以上对应于特大地震。震级为 2.0 或更小的地震被称为微地震，每天在旧金山湾区都发生。1989 年洛马普里塔（Loma Prieta）地震记录到了里氏 7.1 级，

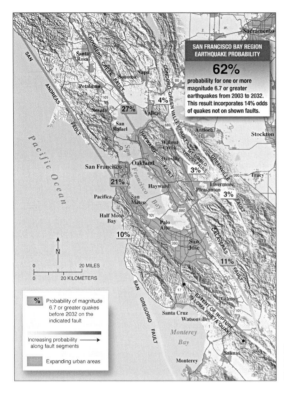

2003 年到 2032 年旧金山地区发生 6.7 级及以上地震的可能性

旧金山 1906 年地震相当于 8.3 级。记录的最大地震是 1960 年的智利大地震，记录的震级为 9.5 级。

地震仪中检测和记录的部分称为地震计。地震计是摆式装置，安装在地面上并测量地面相对于静止参考点的位移。由于该装置只能记录一个正交方向，因此需要三个地震计来记录地面运动的各分量（两个平动分量、一个竖向分量）。地震期间的主要运动发生在强烈震动阶段。地震震动的时间越长，建筑物吸收的能量越多，结构损伤也就越大。1940 年的埃尔森特罗（El Centro）地震（7.1级）有 10s 的强烈地面运动，而 1989 年的洛马普里塔地震（7.1级）只持续了 10~15s。相比之下，1985 年的智利地震（7.8 级）持续了 80s，1985 年的墨西哥城地震（8.1 级）持续了 60s。关于在加利福尼亚州是否可能发生长持续时间的地震存在争议，尚未达成共识。按现行 1997 年版 UBC 第 4 区地震，假定强烈地面震动持续 10~20s。

土壤液化（1995），日本神户

3.2.3　能量

地震活动释放的能量与地震的震级相关。1956 年，宾诺·古登堡（Beno Gutenberg）和里克特（Richter）建立了近似相关关系，地震辐射能（单位 erg）小于地震释放的总能量，其差值与不确定的热量和其他非弹性效应有关。

$$\log_{10}E=11.8+1.5M$$

由于震级和能量之间是带相关系数的对数关系，因此 6 级地震辐射的能量约为 5 级地震能量的 32 倍。换句话说，32 次较小的地震释放的能量，与一次高一级的地震相当。

3.2.4　峰值地面加速度

峰值或最大地面加速度（PGA）由加速度计测量，是地震振荡响应的重要特征。该值通常以重力加速度的分数或百分比表示。如果建筑结构具有无限大的刚度（自振周期基本为零），则结构将随地面运动，而建筑物整体与基础之间没有相对位移。例如，1971 年圣费尔南多（San Fernando）地震期间测量的峰值地面加速度为 1.25g

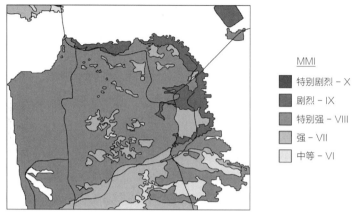

旧金山地区灾损预测图（MMI），1989 年洛马普列塔地震（*M*=7.1）

MMI
- ■ 特别剧烈 – X
- ■ 剧烈 – IX
- ■ 特别强 – VIII
- □ 强 – VII
- □ 中等 – VI

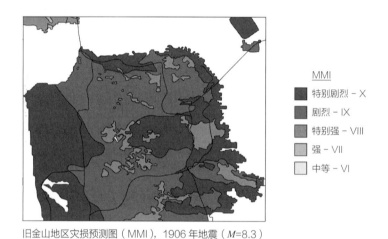

旧金山地区灾损预测图（MMI），1906 年地震（*M*=8.3）

MMI
- ■ 特别剧烈 – X
- ■ 剧烈 – IX
- ■ 特别强 – VIII
- □ 强 – VII
- □ 中等 – VI

或 125％ *g* 或 12.3m/s² （40.3ft/s²）。在洛马普列塔地震期间测得的峰值地面加速度为 0.65*g* 或 65％ *g* 或 6.38m/s²（20.9ft/s²）。

3.2.5 烈度、震级和峰值地面加速度的相关性

破坏与许多因素有关，包括地震持续时间、结构设计和建造方式，因此地震烈度、震级和峰值地面加速度之间不存在精确关系。例如，为发展中国家偏远地区设计的建筑物可能比发达国家主要城市的建筑物表现要差。然而，在具有相同的设计和施工实践的地理区域内，可以在烈度、震级和峰值地面加速度之间建立合理的相关性。

修正麦加利地震烈度（MMI）	峰值地面加速度（PGA）	近似震级值
IV	0.03g 及以下	
V	0.03g~0.08g	5.0
VI	0.08g~0.15g	5.5
VII	0.15g~0.25g	6.0
VIII	0.25g~0.45g	6.5~7.5
IX	0.45g~0.60g	8.0
X	0.60g~0.80g	8.5
XI	0.80g~0.90g	
XII	0.90g 及以上	

此外，1997 年版 UBC 定义的地震区划与地震的震级和峰值地面加速度相关。

地震区	峰值地面加速度（PGA）	最大震级
0	0.04g	4.3
1	0.075g	4.7
2A	0.15g	5.5
2B	0.20g	5.9
3	0.30g	6.6
4	0.40g	7.2

在某些限定区域或微小区划中，峰值地面加速度可能会有很大差异。这种差异主要归因于当地的场地土条件。在洛马普列塔地震期间，旧金山测得的峰值加速度一般不超过 0.09g，但湾区大桥、金门大桥和旧金山机场的峰值加速度分别为 0.22g~0.33g、0.24g 和 0.33g。在 1985 年墨西哥城地震之后，微小区划被纳入重建规划。

3.2.6　地震、场地和建筑周期

地震在不同频率范围内释放能量。自振周期（或固有频率），即一个完整振动循环所需的时间，是影响场地和结构的运动特征值。如果场地（土层）的固有振动频率与地震主频率相对应，则通过称为共振的现象可以显著放大地面运动。位于这些场地上的结构受到放大的地震力。土层特性如密度、强度、含水量、可压缩性和液化性都可能影响场地周期。

从理论上讲，零阻尼结构因地震而水平振动时，将会以特定周期永久性来回振荡。存在阻尼之后，运动最终会停止。建筑周期不是场地周期；然而，如果这些周期彼此接近，则可能发生共振，使结构必须承受放大的地震力。

3.2.7 超越概率和重现期

地震通常用规定年限内的超越概率来描述。例如，规范定义的设计基准地震（DBE）通常描述为 50 年内具有 10%的超越概率。描述地震设计水准的另一种方式是采用"重现期"。对于这种规范定义的地震（50 年内超越概率 10%），也称为具有 475 年的重现期，或有时称为 475 年一遇的地震。以下公式描述了重现期和超越概率之间的转换关系。

$$RP = T/r^*$$

其中，

$r^* = r\,(1 + 0.5r)$

RP = 重现期

T = 超越概率对应的目标年限

r = %超越概率

因此，50 年内超越概率 10%：

$$RP = 50 / 0.10\,(1 + 0.5 \times 0.1) = 476.2 \approx 475$$

下表包括常用的超越概率和重现期：

超越概率与重现期表格					
超越概率 / 目标年限	r	T	r^*	RP	RP （近似）
63%/50 年	0.63	50	0.1315	60.4	60
10%/50 年	0.10	50	0.105	476.2	475
5%/50 年	0.05	50	0.05125	975.6	975
2%/50 年	0.02	50	0.202	2475.2	2475
10%/100 年	0.10	100	0.105	952.4	975

3.2.11　中国规范的抗震设计条件

中国规范《建筑抗震设计规范》GB 50011—2010 采用"三水准、两阶段"的设计方法。它定义了三种水平的地震作用，多遇地震（50年超越概率 63%）、设防地震（50 年超越概率 10%）和罕遇地震（50年超越概率 2%~3%）。其基本的抗震设防目标是：当遭受多遇地震影响时，主体结构不受损坏或不需修理可继续使用；当遭受设防地震影响时，经一般性修理仍可继续使用；当遭受罕遇地震影响时，不致倒塌或发生危及生命的严重破坏。建筑的变形和强度验算基于多遇地震，可采用等效静力法或者振型分解反应谱法（第一阶段），然后采用静力或者动力弹塑性分析来验证结构在罕遇地震下的性能（第二阶段）。

高度超过限值或者不规则性超过一定程度的建筑属于超限建筑，需要通过当地或者全国抗震专家组的审查。对于超限结构，除了常规建筑的两阶段设计之外，经常会定义基于设防地震的性能目标。

3.3　岩土条件

超高层建筑场地的岩土工程条件差别很大。场地土的力学条件包

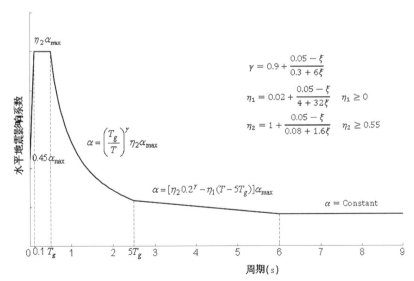

GB 50011-2010 地震反应谱

括稳定性、水的影响和预期的变形。土质条件可能
包括基岩、砂、黏土，基岩具有最好的岩土特性，
致密的砂十与它相似。砂十能够提供良好的地基支
承，这是由于沉降是弹性的（与结构的初始荷载相
关），但在施工阶段可能难以处理，而且饱和砂土在
承受水平地震作用时可能液化（完全丧失剪切强度）。
在预固结的情况下，黏土可以提供良好的地基支承，
但必须考虑初始荷载效应和固结引起的长期变形效
应，黏土非常适合基坑开挖。

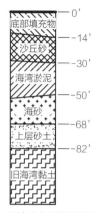

旧金山市场街以南场
地的典型土层条件

　　通常，扩展基础是最经济的基础解决方案，其
次是筏形基础。当承载能力低或施加的荷载很大
时，通常需要考虑由桩或墩组成的深基础。以下是关于基础类型的
总体概述。

3.3.1　扩展基础或墙下连续基础

　　对所施加荷载，当地基具备足够承载能力时，柱或者墙下常使用
扩展基础或条形基础。该体系可用于单层土、软弱土层上的硬土层或
硬土层上的较软层。必须验算短期沉降、不均匀沉降和固结沉降。

浇筑混凝土前的筏板基础，哈利法塔，阿
联酋迪拜

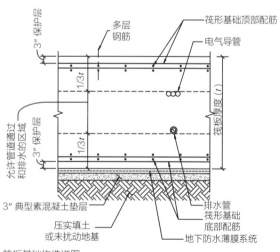

筏板基础构造详图

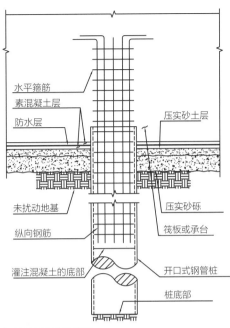

水平箍筋

素混凝土层

防水层

压实砂土层

未扰动地基

压实砂砾

纵向钢筋

筏板或承台

灌注混凝土的底部

开口式钢管桩

桩底部

桩基础，金茂大厦，中国上海

钢管桩基础构造详图

3.3.2　筏形基础

筏形基础类似于覆盖 50% 以上建筑面积的扩展基础或墙下条形基础。对于受较大荷载的柱来说，使用筏形基础通常会减少差异沉降和总沉降。必须验算短期沉降、不均匀沉降和固结沉降。

3.3.3　桩基础

桩基础通常以两个或更多个一组的形式来支承柱或墙体的重力荷载。通过钢筋混凝土桩帽将荷载从柱子或墙传递到桩。桩基础为软弱地表土层和近地表土层提供了极好的解决方案。对可能有液化土的地区，这种基础系统也是一种良好的解决方案。桩一般延伸至最底层地下室以下 20~50m（65~164ft）。桩承载力通常由桩侧摩擦产生，根据岩土情况也可考虑桩端承载力。桩设计通常是为了抵抗侧向荷载（由于风或地震产生）以及竖向荷载。可以将桩头铰接或固接在桩帽上来考虑桩受弯曲作用。塔楼结构的桩通常采用钢或混凝土（尽管也可以使

墩式基础的施工，美国全国广播公司大厦，芝加哥，伊利诺伊州

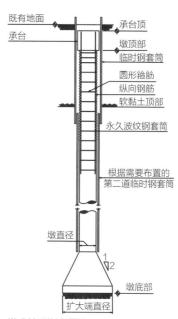

墩式基础构造详图

既有地面
承台
承台顶
墩顶部
临时钢套筒
圆形箍筋
纵向钢筋
软黏土顶部
永久波纹钢套筒
根据需要布置的第二道临时钢套筒
墩直径
墩底部
扩大端直径

用木材）。腐蚀性土质条件可能需要使用混凝土（预制）。H 型钢桩和 355mm×355mm（14in×14in）或 406mm×406mm（16in×16in）预制桩都很常用。开口钢桩可用于致密砂土和荷载非常大的情况。

3.3.4 墩式基础

现浇钢筋混凝土墩式基础（Caisson）通常采用 750mm（30ft）或更大的直径，可以带或者不带扩大端。扩大端直径通常是直杆的三倍。墩式基础为软弱地表土层和近地表层土条件提供了极好的解决方案。这种体系的承载力通常基于端部承压。墩式基础端部通常坐落在坚硬的黏土（黏土层）上。墩式基础的施工对土质条件非常敏感。施工过程中局部土体失稳，很可能在直杆或扩大端内部出现空洞。可以将混凝土灌注到护壁膨润土泥浆中以防止施工期间土体失稳。墩式基础的长度通常在 8~50m（26~164ft）之间。通常基于混凝土强度进行墩式基础设计。

$$P_{cap} = A_c \times 0.25f'_c$$

其中，

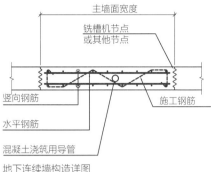

主墙面宽度

铣槽机节点
或其他节点

竖向钢筋

水平钢筋

施工钢筋

混凝土浇筑用导管

地下连续墙构造详图

地下连续墙施工，金茂大厦，中国上海

地下连续墙施工，哈佛大学西北科学楼，剑桥，马萨诸塞州

P_{cap} = 墩式基础的轴向承载力

A_c = 混凝土的横截面积

f'_c = 混凝土强度

3.3.5　地下室墙 / 基础墙 / 挡土墙

地下室墙 / 基础墙 / 挡土墙可以在任何土质条件下使用，但通常需要在墙后按工程要求进行回填。长期有水存在的情况下，需要做防水。地下连续墙（Slurry Wall）在膨润土泥浆护壁情况下浇筑，可作临时挡土墙和永久基础墙。外部的膨润土层可提供永久防水。地下连续墙按板块进行施工，通常长 4m（15ft），板块之间采用剪切键槽。水平钢筋通常不会穿越板块间的接缝。

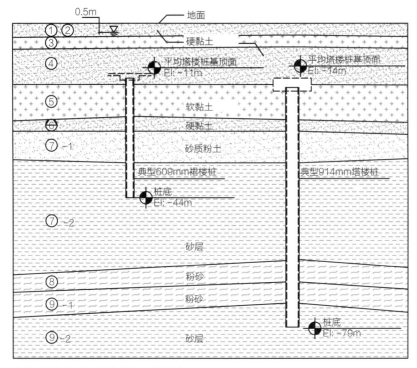

土层及桩基础深度，金茂大厦，中国上海

3.3.6　深基础的考虑

深基础可以用于没有基岩的场地；当采用复杂的基础体系时，强度和沉降都是关键问题。承载能力为 480kPa（10ksf）通常代表设计允许的最低值。更理想的是承载能力为 1900~2400kPa（40~50ksf）。桩或墩式基础提供足够的支承能力，其中桩侧摩擦和桩端承载力都可用于设计。桩或墩式基础应穿过通常存在的风化土层，延伸到基岩内 3.0~4.5m（10~15ft）。对于没有基岩的场地，桩或墩式基础可以支承在坚硬的砂土或硬质黏土上。需认真考虑持力层深度，某些土层可以满足强度要求，但是这些土层下方可能存在压缩性土层，这可能导致不利的长期沉降。对于桩基础（由钢、预制混凝土或螺旋钻孔灌注混凝土制成）支承的超高层结构，75~125mm（3~5ft）的沉降量并不罕见。必须仔细考虑这些沉降，尤其是在首层建筑物入口，或与邻近建筑物例如行人地下通道等的交界面。

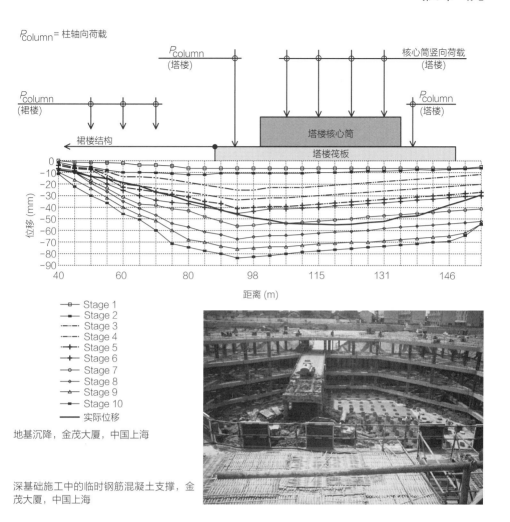

地基沉降，金茂大厦，中国上海

深基础施工中的临时钢筋混凝土支撑，金茂大厦，中国上海

　　基础不均匀沉降的危害更大。必须考虑钢／预制桩的弹性压缩，以及现浇桩或墩式基础的徐变、收缩和弹性压缩。长度不均匀的桩基础或墩式基础需要根据其承受的持续荷载考虑其应力和桩长，较长的桩可能需要扩大截面尺寸以控制这种行为。施工期间的特殊场地条件也必须进行考虑。土壤压力注浆可以稳定或控制地下水的渗透，但可能导致地基刚度不均匀。在灌浆土体被压碎、荷载均匀分布或桩基承载力激活之前，塔楼可能发生不均匀沉降，这可能导致严重的倾斜状况，造成重力荷载的偏心并使塔楼整体受弯。

第4章

荷载

4.1 规范荷载

施加在建筑上的力是根据适用建筑规范规定的荷载来计算的。在美国，地方建筑法规根据 2012 年《国际建筑规范》IBC 进行制定，本章将进行论述，某些计算参考了其他规范。其他地区的建筑规范在格式和术语方面各不相同，但确定外力的整体理论非常相似。

4.1.1　重力荷载

除了结构的自重（根据所用材料的密度进行计算），在设计中必须考虑几种类型的附加恒荷载和活荷载。附加恒荷载包括隔墙、吊顶、机电系统、楼板面层等，而附加活荷载从住宅、办公室到零售商店等各不相同。

4.1.2　侧向荷载

规范条文将风和地震的复杂现象转换为简单的、更容易理解的方式用于大多数建筑物的计算。对于特殊的结构，需进行更深入的研究，如风洞试验和地震时程分析，以得到更准确的结果。然而，在进一步分析之前理解规范的基本方程是很重要的。

对于高层建筑，考虑风荷载和地震作用至关重要。例如，即使在强震地区，由于在强风期间需要控制建筑物侧移，风荷载也经常对高层建筑的侧向设计起控制作用。

4.1.3　风险类别

针对自然界中作用力的不可预测性，在建筑规范中，每个建筑物对应着一个风险类别。对于人员生命安全和与居住安全更重要的建筑物具有更高的风险类别。

2012 年《国际建筑规范》IBC 的风险类别如下所示：

风险类别 I：失效时对人类生命安全造成低风险的建筑物（小型、极少居住的建筑物，如农业结构和小型储存设施）

风险类别 II：风险级别 I、III 和 IV 之外的建筑物（最典型的建筑物包括独户住宅和低层商业建筑）

风险类别 III：失效时对人类生命安全构成重大危害的建筑物（包括会堂、学校、监狱、大型住宅和商业建筑在内的大量人员活动的建筑物）

风险类别 IV：认定为重要基础设施的建筑物（对应急响应至关重要的建筑物，包括医院、消防站和警察局；含有剧毒物质的建筑物）

与每个风险类别相对应的是重要性系数，在计算中，重要性系数放大了荷载效应，为关键的建筑物提供更高的安全性。习惯上，一般雪荷载、冰荷载、地震作用和风荷载各有其对应的重要性系数。但在最新版的 IBC 中，根据风速计算风荷载，而风速根据风险类别而变化，因此风荷载的重要性系数取 1.0。IBC 2012 中各风险类别的地震作用重要性系数（I_e）如下所示：

风险类别 I：$I_e = 1.00$

风险类别 II：$I_e = 1.00$

风险类别 III：$I_e = 1.25$

风险类别 IV：$I_e = 1.50$

4.2　规范风荷载竖向分布

第 3.1 节基本方程计算的风荷载是风荷载作用大小的基础。风力通常作用于结构的迎风面（直接在风的路径上）和背风面（反面）。风荷载随高度而变化，随着距地面高度的增加而增大。这些荷载需要施加到结构的表面，并考虑迎风面和背风面效应。此图基于给定的场地设计条件给出了沿塔楼高度的风荷载分布图。也给出了力分布图（根据受风宽度）和塔楼受到的楼层力。

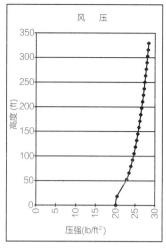
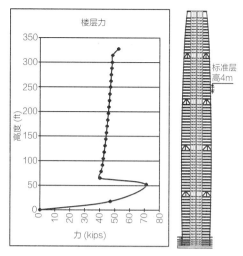

风压及其引起的楼层作用力

4.3　规范地震作用竖向分布

　　2012 年《国际建筑规范》（IBC）是目前最常用的建筑规范，其中包含 2010 年美国土木工程师协会《建筑和其他结构最小设计荷载》（ASCE 7-10）。1997 年《统一建筑规范》（UBC）根据当时的最新研究和最先进技术确定了具体的地震要求，因此得以被引用。中国建筑结构抗震规范的最新版本是《建筑抗震设计规范》GB 50011—2010（2016 年版）。《高层建筑混凝土结构技术规程》JGJ 3—2010 针对高层建筑的不同结构体系提出了设计要求。

　　对于给定的场地条件，IBC 2012、UBC 1997 和 GB50011—2010 定义的地震荷载计算如下。

4.3.1　地震作用

4.3.1.1　地震作用（E）—IBC 2012 和 ASCE 7-10

　　下式为必须考虑作用于结构的地震作用（E）的一般定义：

$$E = E_h \pm E_v$$

其中，

　　E_h = 由于底部剪力（V）产生的地震作用 = ρQ_E

　　E_v = 由地震运动的竖向分量产生的荷载效应 = $0.2 S_{DS} D$

　　S_{DS} = 短周期设计反应谱加速度；根据 4.3.2 节中公式计算

    D = 恒荷载效应

    ρ = 按 ASCE7-10 第 12 章确定的冗余系数

      = 1.0 对于按 ASCE 7-10 验算的常规建筑

      = 1.3 其他所有建筑物

Q_E = 水平力 V 的效应，当需要时考虑在两个正交方向上同时作用

当设计要求包含超强系数时，E 应定义如下：

$$E_m = E_{mh} \pm E_v$$

其中，

    E_m = 地震荷载效应，包括超强系数

    E_{mh} = 水平地震效应，包括结构超强系数 = $\Omega_o Q_E$

其中，

    Ω_o = 地震作用放大系数（超强系数）

4.3.1.2 地震作用（E）—UBC 1997

下式为必须考虑作用于结构的地震作用（E）的一般定义：

$$E_m = \rho E_h + E_v$$

其中，

    E_h = 由于底部剪力（V）产生的地震作用

    E_v = 由地震运动的竖向分量产生的荷载效应 = $0.5C_a ID$

    C_a = 地震系数

    I = 地震重要性系数

    ρ = 可靠性 / 冗余系数

$$= 1.0 \leqslant \rho = 2 - \frac{20}{r_{max}\sqrt{A_B}} \leqslant 1.50 \text{（对于特殊抗弯框架 } \rho \leqslant 1.25\text{）}$$

r_{max} = 构件 - 层间剪力比最大值。对于初始计算，这个比值取每

      个主要抗力构件的剪力比率。对于后续分析，比值取负荷最

      大的单个构件的剪力除以楼层总设计剪力

A_B = 以平方英尺为单位的建筑物底部面积

受到设计基准地震地面运动时，希望结构体系的关键构件基本保持弹性以确保体系整体性，此时

$$E_m = \Omega_o E_h$$

其中，

　　Ω_o = 地震作用放大系数（超强系数）

4.3.1.3　地震作用（E）—GB 50011-2010

下式为必须考虑作用于结构的地震作用（E）的一般定义：

$$E=\gamma_{Eh}E_h+\gamma_{Ev}E_v$$

其中，

　　E_h = 多遇地震水平作用标准值的效应，包括规范要求的放大或调整

　　E_v = 多遇地震竖向作用标准值的效应，包括规范要求的放大或调整

　　γ_{Eh} = 水平地震作用分项系数

　　γ_{Ev} = 竖向地震作用分项系数

4.3.2　静力方法

4.3.2.1　地震底部剪力（V）—IBC 2012 与 ASCE 7-10

下式为基于设计基准地震（DBE）确定底部剪力的近似静力方法：

$$V=C_SW$$

其中，

　　V = 地震底部剪力

　　W = 有效地震重力

　　C_S = 地震反应系数 = $\dfrac{S_{DS}}{\left(\dfrac{R}{I_e}\right)}$

其中，

　　S_{DS} = 短周期对应的设计基准地震反应谱加速度参数 = $\dfrac{2}{3}S_{MS}$

其中，

　　S_{MS} = 短周期对应的最大考虑地震反应谱加速度 = F_aS_s

其中，

　　F_a = 短周期场地系数；根据 IBC 2012 表 1613.3.3（1）取值

　　S_s = 地图给出的短周期对应的最大考虑地震反应谱加速度；可以
　　　　 按 IBC 2012 图 1613.3.1（1）-（6）或 www.usgs.gov
　　　　 的抗震设计地图确定

　　R = 反应修正系数；根据 ASCE 7-10 表 12.2-1 取值（与结构

体系有关）

I_e = 地震重要性系数；根据 ASCE 7-10 表 1.5-2 取值

但 C_s 取值不需要超过：

$$C_s = \frac{S_{D1}}{T\left(\dfrac{R}{I_e}\right)}, \quad \text{当 } T \leqslant T_L \text{ 时}$$

$$C_s = \frac{S_{D1}T_L}{T^2\left(\dfrac{R}{I_e}\right)}, \quad \text{当 } T > T_L \text{ 时}$$

C_s 不得小于：$C_s = 0.044\,S_{DS}\,I \geqslant 0.01$

此外，对于 S_1 大于或等于 0.6g 的结构，C_s 不得小于：

$$C_s = \frac{0.5S_1}{\left(\dfrac{R}{I_e}\right)}$$

其中，

S_{D1} = 1.0s 周期对应的设计基准地震反应谱加速度参数 = $\dfrac{2}{3}S_{M1}$

其中，

S_{M1} = 1.0s 周期对应的最大考虑地震反应谱加速度 = $F_v S_1$

其中，

F_v = 长周期场地系数

S_1 = 地图给出的 1.0s 周期对应的最大考虑地震反应谱加速度；可以按 IBC 2012 图 1613.3.1（1）~（6）或 www.usgs.gov 的抗震设计图确定

T = 结构基本周期（s）

T_L = 长周期段过渡周期（s）；根据 ASCE7-10 表 22-12 ~ 表 22-16 取值

4.3.2.2　基本周期（近似方法）—IBC 2012 与 ASCE 7-10

结构的基本周期 T 与建筑物的高度和刚度有关，可以通过分析确定。但可以使用下面公式来估计周期：

$$T_a = C_t\,(h_n)^x$$

其中，

T_a = 基本周期的近似值

$C_t = 0.028$，$x = 0.8$　钢抗弯框架

$C_t = 0.016$，$x = 0.9$　混凝土抗弯框架

$C_t = 0.03$，$x = 0.75$　偏心支撑钢框架和屈曲约束支撑框架

$C_t = 0.02$，$x = 0.75$　其他结构体系

h_n = 从建筑物底部到最顶层的高度（ft）

使用分析模型计算结构的周期时，用于确定底部剪力的周期不得超过 $T_a \times C_u$，其中 C_u 是计算周期的上限系数，根据 ASCE7-10 表 12.8-1 取值。

另外，对于抗侧力体系完全由钢抗弯框架或混凝土抗弯框架组成、层高至少 3m（10ft）、高度不超过 12 层的建筑物，允许采用下面公式确定基本周期的近似值：

$$T_a = 0.1N$$

其中，

N = 楼层数

对于砌体结构或混凝土剪力墙体系，允许采用下面公式确定基本周期 T_a 的近似值：

$$T_a = \frac{0.0019h_n}{\sqrt{C_w}}$$

其中，

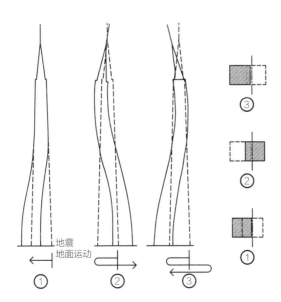

由地震地面运动引起的塔楼运动，立面图和平面图

$$C_{w} = \frac{100}{A_{B}} \sum_{i=1}^{x} \left(\frac{h_{n}}{h_{i}}\right)^{2} \frac{A_{i}}{\left[1+0.83\left(\frac{h_{i}}{D_{i}}\right)^{2}\right]}$$

其中，

A_{B} = 结构基底面积（ft^{2}）

A_{i} = 第 i 片剪力墙腹板面积（ft^{2}）

D_{i} = 第 i 片剪力墙长度（ft）

h_{i} = 第 i 片剪力墙高度（ft）

x = 建筑物内能够有效抵抗所考虑方向侧向力的剪力墙数量

4.3.2.3 地震重量（W）—IBC 2012 与 ASCE 7–10

除了恒荷载与附加恒荷载，应纳入到总地震重量 W 的其他荷载的恰当比例为：

1. 在仓储建筑中，至少包括 25% 的楼面活荷载。

2. 在楼面设计中有隔墙时，考虑一个不小于 10psf 的荷载。

3. 永久设备的运行总重量。

4. 平屋顶雪荷载超过 30psf 时，无论实际屋顶坡度如何，取均匀分布设计雪荷载的 20%。

4.3.2.4 地震底部剪力（V）—UBC 1997

下式为基于设计基准地震确定底部剪力的近似静力方法：

$$\frac{2.5C_{a}I}{R}W \geqslant V = \frac{C_{v}I}{RT}W \geqslant 0.11C_{a}IW$$

$$\geqslant \frac{0.8ZN_{v}I}{R}W（地震区4）$$

其中，

C_{a} 和 C_{v} = 地震系数

I = 地震重要性系数

W = 总恒荷载加上其他荷载的恰当比例

R = 反应修正系数

T = 结构基本自振周期

Z = 地震区划系数

N_{v} = 速度相关的近场系数

4.3.2.5 地震重量（W）—UBC 1997

除了恒荷载与附加恒荷载，应纳入到总地震重量 W 的其他荷载的恰当比例为：

1. 在仓储建筑中，至少包括 25% 的楼面活荷载。

2. 在楼面设计中有隔墙时，考虑一个不小于 10psf 的荷载。

3. 雪荷载超过 30psf 时，取均匀分布设计雪荷载的 20%。

4. 永久设备的总重量。

4.3.2.6 基本周期（近似方法）—UBC 1997

通过近似方法 A 确定建筑周期（T）：

$$T = C_t \, (h_n)^{3/4}$$

$C_t = 0.035$，对于钢抗弯框架

$C_t = 0.030$，对于钢筋混凝土抗弯框架和偏心支撑框架

$C_t = 0.020$，对于其他混凝土结构

其中，

　　h_n = 从建筑物底部到最顶层的高度（ft）

　　另外，对于混凝土或砌体剪力墙结构：

$$C_t = \frac{0.1}{\sqrt{A_c}}$$

其中，

　　A_c = 结构首层中剪力墙有效面积（ft^2）=

$$\sum A_e \left[0.2 + (D_e/h_n)^2 \right], \frac{D_e}{h_n} \leqslant 0.9$$

　　A_e = 结构首层剪力墙在任意水平剖面中的最小截面积（ft^2）

　　D_e = 结构首层与作用力平行方向剪力墙的长度（ft）

如果采用近似周期 T 计算得到底部剪力，获得初步尺寸，就可以使用分析方法确定更准确的 T 值。

UBC 规范中提供的方法 B 可以代替方法 A 用于确定 T。方法 B 允许通过瑞利公式或其他经验证的分析来对 T 进行评估。注意，在地震区 4 中，方法 B 获得的 T 值必须小于或等于方法 A 获得的 T 值的 1.3 倍，在地震区 1、2、3 中必须小于或等于 1.4 倍。

4.3.2.7 地震底部剪力（V）—GB 50011–2010

下式为基于多遇地震确定底部剪力的近似静力方法：

$$V=\alpha G_{eq} \geq \lambda G$$

其中，

V = 地震底部剪力

G_{eq} = 结构等效总重力荷载，单质点应取总重力荷载代表值，多质点可取总重力荷载代表值的 85%

α = 相应于结构基本自振周期的水平地震影响系数值，应基于规范反应谱确定。多层砌体房屋、底部框架和多层内框架砖房，宜取水平地震影响系数最大值

G = 总重力荷载代表值

λ = 下表定义的最小地震剪力系数，对竖向不规则结构的薄弱层，尚应乘以 1.15 的增大系数

类型	6 度	7 度	8 度	9 度
扭转效应明显或基本周期小于 3.5s 的结构	0.008	0.016（0.024）	0.032（0.048）	0.064
基本周期大于 5.0s 的结构	0.006	0.012（0.018）	0.024（0.036）	0.048

注：1. 基本周期介于 3.5s 和 5.0s 之间的结构，按插入法取值。
　　2. 括号内数值分别用于设计基本地震加速度为 0.15g 和 0.30g 的地区。

4.3.2.8 重力荷载代表值（G）—GB 50011–2010

除恒荷载、附加恒荷载以外，地震重力荷载代表值 G 包括下列其他荷载：

1. 50% 雪荷载，与屋顶坡度无关。

2. 50% 积灰荷载，与屋顶坡度无关。

3. 按照实际情况计算的楼面活荷载的 100%。

4. 藏书库和档案库 80% 的等效均布楼面活荷载。

5. 其他用途 50% 的等效均布楼面活荷载。

4.3.3　侧向力分配

4.3.3.1　竖向分布

底部剪力（V）沿竖向分配到建筑物的各个楼层。然后楼层剪力按抗侧力构件的相对刚度比例和楼板刚度分配给抗侧力构件。

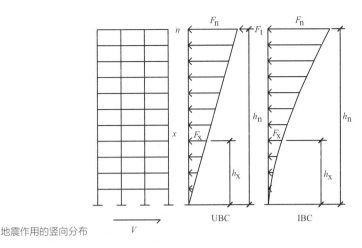

地震作用的竖向分布

如 UBC 1997 中所述，底部剪力在建筑物的高度上线性分布，底部为零变化到顶部最大值，对应于结构的基本振动周期（第一振型）。考虑到较高振型对结构的影响（对基本周期大于 0.7s 的建筑物有较大影响），将底部剪力的一部分作为集中荷载施加在建筑物的顶部（参见第 4.3.3.2 节）。GB 50011—2010 与 UBC 地震力的分布方法是相似的。但 IBC 在考虑高阶振型的影响时，规定的楼层剪力随建筑物高度增加呈指数上升，而不是施加额外的集中荷载。

4.3.3.2　地震作用分配—UBC 1997

任一楼层的设计楼层地震剪力（V_x）按照下式计算：

$$V = F_t + \sum_{i=x}^{n} F_i$$

底部剪力为：

$$V = F_t + \sum_{i=1}^{n} F_i$$

其中，

　　F_i，F_n，F_x = 作用于楼层 i，n 或 x 的设计地震作用

　　　　　　F_t = 除了 F_n 以外，结构顶部附加地震作用

　　　　　　F_t = 0.07TV < 0.25V，当 T > 0.7s 时

　　　　　　　 = 0.0，当 $T \leqslant$ 0.7s 时

同时，

$$F_x = \frac{(V - F_t) w_x h_x}{\sum_{i=1}^{n} w_i h_i}$$

其中，

h_i，h_x = 从底部到楼层 i 或 x 的相对高度

w_i，w_x = W 分配给楼层 i 或 x 的部分

T = 分析方向上的结构基本周期，单位为 s

4.3.3.3　地震作用分配—GB 50011-2010

任一楼层的设计楼层地震剪力（V_x）按照下式计算：

$$V_x = F_t + \sum_{i=x}^{n} F_i$$

其中，

F_i，F_n，F_x = 作用于楼层 i，n，或 x 的设计地震作用

F_t = 除了 F_n 以外，结构顶部附加地震作用，$F_t = \delta V$

同时，

$$F_x = \frac{(V - F_t) G_x h_x}{\sum_{i=1}^{n} G_i h_i}$$

其中：

h_i，h_x = 从底部到楼层 i 或 x 的相对高度

G_i，G_x = 重力荷载代表值 G 分配给楼层 i 或 x 的部分

V = 底部地震剪力

δ = 顶部附加地震作用系数，多层钢筋混凝土和钢结构房屋可按照下表取值，多层内框架砖房可采用 0.2，其他房屋可采用 0.0

T_g（s）	$T > 1.4T_g$	$T \leq 1.4T_g$
$T_g \leq 0.35$	$0.08T + 0.07$	
$0.35 < T_g \leq 0.55$	$0.08T + 0.01$	0.0
$T_g > 0.55$	$0.08T - 0.02$	

其中：

T_g = 基于场地类别和设计地震分组确定的场地特征周期

T = 结构基本自振周期

4.3.3.4　地震作用分配步骤—IBC 2012 与 ASCE 7-10

任一楼层的设计楼层地震剪力（V_x）按照下式计算：

$$V_x = \sum_{i=x}^{n} F_i$$

底部剪力：

$$V = F_t + \sum_{i=x}^{n} F_i$$

其中，

$$F_x = \frac{V W_x h_x^k}{\sum_{i=l}^{n} W_i h_x^k}$$

其中，

F_i，F_n，F_x = 作用于楼层 i，n 或 x 的设计地震作用

h_i，h_x = 从底部到楼层 i 或 x 的相对高度

w_i，w_x = W 分配给楼层 i 或 x 的部分

当 $T \leqslant 0.5\mathrm{s}$ 时，$k = 1$

当 $T \geqslant 2.5\mathrm{s}$ 时，$k = 2$

当 $0.5 < T < 2.5\mathrm{s}$ 时，k 由 1 和 2 之间的线性插值确定

4.3.4　倾覆弯矩分配

确定了作用于楼层的设计地震作用后，就可以确定由地震作用引起的倾覆弯矩。塔楼结构必须设计成能抵抗地震作用引起的倾覆效应。任一楼层 x 的倾覆力矩（M_x）可以通过以下公式确定：

$$M_x = \sum_{i=x}^{n} F_i (h_i - h_x) + F_t (h_n - h_x)$$

其中，

F_i = 地震底部剪力（V）分配给楼层 i 的部分

F_t = 除了 F_n 以外，结构顶部附加部分（= 0 对于 IBC 2012 方法）

h_i，h_n，h_x = 从底部到楼层 i，n 或 x 的相对高度

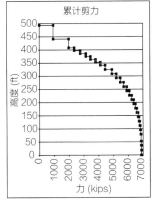
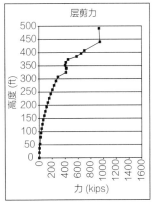

地震作用引起的累计
和单层剪力

75

4.3.5 楼层侧移限制

侧移定义为结构在承受荷载时所发生的侧向位移，通常由风或地震侧向荷载引起，但也可能由不平衡的重力荷载或不成比例的温度效应引起。结构的整体侧移，表述为建筑物顶部相对于地面的位移。

层间侧移是一层与另一层的相对位移。对于地震状况，这种计算很重要，因为非弹性响应引起的层间位移可能很大。其他竖向建筑系统中的外墙和隔墙的细部构造必须允许这样的位移值。

结构的层间侧移应限制在一个最大非弹性位移以内，约等于在设计基准地震（475 年一遇）时结构中发生的位移。在 UBC 1997 中，用以下公式计算预期侧移：

$$\Delta_M = 0.7R\Delta_S$$

其中，

Δ_M = 预期最大非弹性位移

R = 响应修正系数

Δ_S = 考虑抗侧力体系计算的最大弹性位移

对于基本周期（T）小于 0.7s 的结构，使用 Δ_M 计算的层间位移不得超过楼层高度的 0.025（2.5%）。对于 T 大于或等于 0.7s 的结构，层间位移不应超过楼层高度的 0.02（2%）。

IBC 2012 使用稍微不同的方程来预测非弹性位移：

$$\Delta_e = (C_d / I_e)\, \Delta_{xe}$$

其中，

Δ_e = 最大预期非弹性位移

C_d = 变形放大系数，按照 ASCE7-10 表 12.2-1 取值（与结构体系有关）

Δ_{xe} = 计算的最大弹性位移

I_e = 地震重要性系数

IBC 2012 允许的层间位移（Δ_a）在 ASCE 7-10 表 12.12-1 中定义，与结构体系、使用功能和高度有关。对于 4 层以上的大多数建筑物，风险类别 I 和 II 时，取 Δ_a=0.020（2%）乘以楼层高度；风险类别 III 时，取 0.015（1.5%）乘以楼层高度；风险类别 IV 时，取 0.010

（1%）乘以楼层高度。对于较低的建筑物，限制更宽松。

中国规范的层间侧移是基于 50 年重现期的多遇地震作用和 50 年重现期的风荷载进行验算的。这与 UBC 1997 和 IBC 2012 区别较大。GB 50011—2010 表 5.5.1 给出了各种抗侧力体系的允许层间侧移（Δ_a）。多层钢结构的限值为层高的 1/250，混凝土框架结构的限值为层高的 1/550，混凝土框架 - 剪力墙结构的限值是层高的 1/800，混凝土剪力墙结构的限值为层高的 1/1000。

JGJ 3—2010 表 3.7.3 对高度不超过 150m 的建筑给出了同样的限值。对于高度超过 250m 的钢筋混凝土结构，限值为层高的 1/500；高度介于 150m 和 250m 之间的建筑，侧移限值可以通过插值确定。

4.4 重力荷载分布和传递

4.4.1 楼面系统

通常认为重力荷载均匀分布在使用楼层上。这些荷载根据建筑物的用途而变化，包括恒荷载（自重）、附加恒荷载（源于建筑构件的荷载，在建筑物整个寿命期间变化很小，如隔墙、吊顶、机电系统）、活荷载（大小和位置都可能变化）。

在考虑恒荷载（自重）时，必须包括主要结构的所有部件，通常包括楼板、楼面主次梁、柱。必须知道材料密度才能精确计算结构的自重。常见的密度包括结构钢材 7850kg/m³（490 lbs/ft³）和钢筋混凝土 2400kg/m³（150 lbs/ft³）。

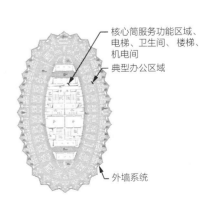

核心筒服务功能区域、电梯、卫生间、楼梯、机电间

典型办公区域

外墙系统

典型楼层的建议平面布置，天津环球金融中心，中国天津

建筑结构规范定义的常见附加恒荷载和活荷载如下：

附加恒载（SDL）：

    隔墙（轻钢龙骨墙）　= 1.0kPa（20psf）

    吊顶（模块体系）　　= 0.15kPa（3psf）

    机电系统　　　　　　= 0.10kPa（2psf）

    图书馆或仓储　　　　= 7.5kPa（150psf）

    面层　　　　　　　　= 1.2kPa（25psf）

活载（LL）：

    办公室　　　　　　　= 2.5kPa（50psf）

    办公室（高级）　　　= 4.0kPa（80psf）

    住宅 / 酒店　　　　　= 2.0kPa（40psf）

    公共空间（即大堂）　= 5.0kPa（100psf）

    停车场（乘用车）　　= 2.0kPa（40psf）

在某些情况下，必须考虑结构上单独的集中荷载或特定的线荷载。集中荷载可能包括卸货平台处的卡车荷载，特定线荷载可能包括用于隔声的重砌体隔墙。

4.4.2　外墙

结构设计中必须考虑高层建筑外墙产生的特定荷载。这些荷载可能比较轻（例如金属板和玻璃），也可能很重（例如预制混凝土），这取决于建筑设计。根据外墙的连接方式，可以计算所施加的荷载。在某些情况下，外墙支承在四周的主梁上，在某些情况下直接支承在柱子上。对于初始计算，考虑外墙重量和层间高度，可以认为外墙荷载沿四周的边梁均匀分布。

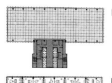

■ 办公区域荷载
LL　= 4.0kPa (80psf) 使用荷载
SDL = 1.0kPa (20psf) 隔墙
SDL = 0.15kPa (3psf) 吊顶
SDL = 0.10kPa (2psf) 机电

■ 核心筒荷载
LL　= 5.0kPa (100psf) 使用荷载
SDL = 1.25kPa (25psf) 地面
SDL = 0.25kPa (5psf) 吊顶，机电

设计楼面荷载，典型办公楼层平面

外墙荷载通常被认为是结构"表面"上的分布荷载。一些常见的外墙荷载如下（所有这些都需要根据最终设计的外墙系统进行确认）：

金属和玻璃 = 0.75 kPa（15 psf）

石材和玻璃 = 1.2 kPa（25 psf）

预制混凝土和玻璃 = 2.5 kPa（50 psf）

4.4.3　竖向构件的荷载

分布荷载或集中荷载一般先由水平构件承受，然后由竖向柱或墙承受，最后由基础系统承受。

分布在楼板上的荷载通常由楼面次梁、楼面主梁支承，然后是柱子或墙。知道了楼面构件的跨度和支承条件，可以采用分布荷载进行构件的设计。这些荷载通过水平支承体系传递到竖向受力构件。通常柱子和墙支承其从属的楼面面积，以及从属的外墙面积，扣除楼面和外墙开洞。对每个单独的柱或墙计算荷载的竖向传递，来考虑多个楼层的影响。当考虑多个楼层和较大面积时，规范通常认为作用在竖向构件上的活荷载可以折减。

4.5　荷载组合

4.5.1　IBC 2012 的荷载组合

IBC 荷载组合中使用的符号定义为：

D = 恒载

E = 第 4.3 节（或 ASCE 7-10 第 12.4.2 节）中规定的水平地震

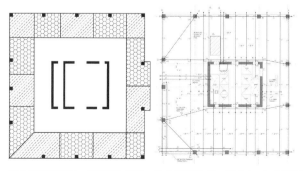

柱分担荷载面积，楼面结构系统，教会街 350 号，旧金山，加利福尼亚州

作用和竖向地震作用共同引起的效应

E_m = 第 4.3 节（或 ASCE 7-10 第 12.4.3 节）中规定的水平地震作用和竖向地震作用最大地震效应

F = 具有确定压力和最大高度的流体产生的荷载

H = 侧向土压力、地下水压力或散装物料的压力产生的荷载

L = 活荷载，不含屋顶活荷载，包括允许的活荷载折减

L_r = 屋顶活荷载，包括允许的活荷载折减

R = 雨荷载

S = 雪荷载

T = 温度变化、收缩、湿度变化、材料徐变、不均匀沉降或它们的组合效应引起的收缩或膨胀自应力（应始终考虑自应力的影响，但它们在以下组合中将根据具体情况进行工程判断；T 的系数通常与 D 的系数相同）

W = 风压产生的荷载

4.5.1.1　基本荷载组合—强度或荷载和抗力系数设计法（LRFD）

1. $1.4(D+F)$

2. $1.2(D+F)+1.6(L+H)+0.5(L_r 或 S 或 R)$

3. $1.2(D+F)+1.6(L_r 或 S 或 R)+1.6H+(f_1L 或 0.5W)$

4. $1.2(D+F)+1.0W+f_1L+0.5(L_r 或 S 或 R)$

5. $1.2(D+F)+1.0E+f_1L+f_2S$ 或

　　$(1.2+0.2S_{DS})D+\rho Q_E+L+0.2S$ 或

　　$(1.2+0.2S_{DS})D+\Omega_0 Q_E+L+0.2S$（在考虑结构超强时）

6. $0.9D+1.0W+1.6H$

7. $0.9(D+F)+1.0E+1.6H$ 或

　　$(0.9-0.2S_{DS})D+\rho Q_E+1.6H$ 或

　　$(0.9-0.2S_{DS})D+\Omega_0 Q_E+1.6H$（在考虑结构超强时）

其中，

　　f_1 = 1，对于公共聚会场所的楼层、活荷载超过 5kPa（100psf），以及停车库的活荷载；对于其他活载 = 0.5

　　f_2 = 0.7，对于雪不会脱落的屋面形状（如锯齿型屋面）；对于其

他屋面 = 0.2

例外：如果 IBC 2012 规范的条款明确要求其他荷载组合时，则该组合应优先。

4.5.1.2　基本荷载组合—容许（工作）应力设计法

1. $D+F$

2. $D+H+F+L$

3. $D+H+F+$（L_r 或 S 或 R）

4. $D+H+F+0.75$（L）$+0.75$（L_r 或 S 或 R）

5. $D+H+F+$（$0.6W$ 或 $0.7E$）或

   （$1.0+0.14S_{DS}$）$D+H+F+0.7\rho Q_E$ 或

   （$1.0+0.14S_{DS}$）$D+H+F+0.7\Omega_o Q_E$（在考虑结构超强时）

6. $D+H+F+0.75$（$0.6W$ 或 $0.7E$）$+0.75L+0.75$（L_r 或 S 或 R）或

   （$1.0+0.105S_{DS}$）$D+H+F+0.525\rho Q_E+0.75L+0.75$（$L_r$ 或 S 或 R）或

   （$1.0+0.105S_{DS}$）$D+H+F+0.525\Omega_o Q_E+0.75L+0.75$（$L_r$ 或 S 或 R）（在考虑结构超强时）

7. $0.6D+0.6W+H$

8. 0.6（$D+F$）$+0.7E+H$ 或

   （$0.6-0.14S_{DS}$）$D+0.7\rho Q_E+H$ 或

   （$0.6-0.14S_{DS}$）$D+0.7\Omega_o Q_E+H$（在考虑结构超强时）

4.5.2　GB 50011—2010 的荷载组合

中国规范的非地震设计组合在《建筑结构荷载规范》GB 50009—2012 中定义，地震设计组合在 GB 50011—2010 中定义。可以采用下面的符号定义和荷载组合：

D = 恒荷载效应标准值

E_h = 水平地震作用效应标准值

E_v = 竖向地震作用效应标准值

L = 活荷载，包括允许的折减

S = 雪荷载效应标准值

W = 风荷载效应标准值

4.5.2.1　荷载基本组合—强度设计

中国国家标准《建筑结构可靠性设计统一标准》GB 50068—2018 将恒荷载和活荷载的分项系数从原来的 1.2 和 1.4 提高到了 1.3 和 1.5，以期进一步提高结构的安全性。

非地震组合：

1. $1.3D+1.5L+1.05S$

2. $1.3D+1.05L+1.5S$

3. $1.3D+1.5L+1.05S+0.90W$

4. $1.3D+1.05L+1.05S+1.5W$

5. $1.0D+1.5W$

地震组合：

6. $1.2D+0.6L+0.6S+0.28W+1.3E_h+0.5E_v$

7. $1.2D+0.6L+0.6S+0.28W+0.5E_h+1.3E_v$

8. $1.0D+0.28W+1.3E_h+0.5E_v$

9. $1.0D+0.28W+0.5E_h+1.3E_v$

4.5.2.2　荷载标准组合—正常使用设计

1. $D+L+S$

2. $D+L+S+0.6W$

3. $D+0.7L+0.7S+W$

4. $D+0.5L+0.5S+0.2W+（E_h 或 E_v）$

与 IBC 不同，中国规范抗震验算时构件承载力除以一个小于 1.0 的系数，从而在地震工况下采用更高的承载力。此系数随材料类型（混凝土、钢结构、组合结构）以及受力类型（受剪、受弯、压弯、拉弯）而不同。

4.6　设计轴力、剪力和弯矩

重力荷载和侧向荷载以及荷载组合确定后，就可以得到整体和单个结构构件的设计轴力、剪力和弯矩，采用这些荷载基于材料类型和行为进行结构构件设计。

对于上图，可以根据以下公式计算设计轴力、剪力、弯矩和弹性

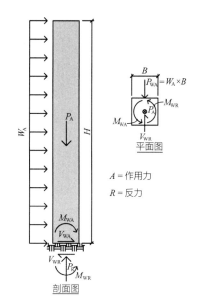

A = 作用力

R = 反力

塔楼荷载及其引起
的总作用力与反力

挠度：

$$P_A = P_R$$

$$M_{WA} = (W_A \times B)(H)(H/2)$$

$$M_{WA} = M_{WR}$$

$$V_{WR} = P_{WA} \times H$$

$$\delta = \frac{(W_A \times B)(H)^4}{8 E_S I_S}$$

其中，

P_A = D、L、SDL 引起的轴向重力荷载

P_R = 重力荷载引起的轴向反力

M_{WA} = 侧向荷载（通常是风或地震）产生的弯矩

M_{WR} = 侧向荷载产生的弯矩反力

V_{WA} = 侧向荷载产生的剪力

V_{WR} = 侧向荷载引起的剪切反力

E_S = 结构体系的弹性模量

I_S = 结构体系的惯性矩

δ = 结构顶部的弹性变形

第 5 章
语汇

5.1 力流

最重要、可能也是最困难的问题之一是解读结构中的力流。准确理解力流可以对结构性能、设计安全性和有效性做出准确的判断。这些荷载主要来源于重力荷载以及风和地震作用引起的侧向荷载。其他作用力可能是由沉降、温度、柱或墙之间的相对位移引起，后者的原因包括徐变、收缩和弹性压缩等。要从根本上了解作用在结构上的荷载，就必须了解这些力的流动。通常荷载通过楼面结构体系传递至竖向构件，比如柱子或墙，再传递到基础。

抗侧力体系通常受到外部施加的短暂侧向荷载，荷载通过基础系统支承的竖向结构体系传递。除了短暂施加的侧向荷载之外，抗侧体系通常还抵抗重力荷载。当有策略地施加时，这些重力荷载实际上可

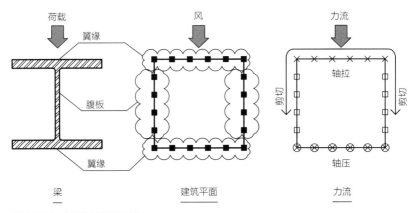

荷载　翼缘　风　力流

轴拉　剪切　剪切　轴压

腹板

翼缘

梁　建筑平面　力流

塔楼平面与宽翼缘梁截面的类比

对页图
约翰·汉考克中心，芝加哥，伊利诺伊州

集中力

外部钢支撑和钢柱
抵抗侧向荷载
与分布重力荷载

每根柱上的反力 = 2*P*/7

建设中的塔楼的传力路径，约翰·汉考克中心，芝加哥，伊利诺伊州

以在结构中起有益作用，可抵抗倾覆效应，以及对侧向荷载作用下受拉的构件施加"预应力"。

自然界物体的原理是做功时消耗的能量最少。为了使结构最有效，应该使结构的应变能最小，这意味着用最小能耗来抵抗荷载。应通过材料的协调布置使力和变形尽可能均匀地分布在整个结构中，从而使应变能最小。荷载将通过最简单和最短的路径在结构中自然流动。法兹勒·汗（Fazlur Khan）博士试图通过确定自然的传力路径来创造出性能最佳的体系。

法兹勒·汗非常注重结构行为以及情感神秘主义和科学理性主义之间的平衡。他曾透露，在设计建筑项目时，他常常把自己想象成建筑本身。

法兹勒·汗和布鲁斯·格雷厄姆（Bruce Graham）完成了三个优雅的设计，展现出与力流相对应的结构。位于德克萨斯州休斯敦52层的壳牌广场一号楼（One Shell Plaza）（1971年），其周边钢筋混凝土柱设计成抵抗重力荷载和控制核心筒与外柱之间的相对徐变变形。这些柱子向建筑物的外部扩大，而不是内部，在周边框架筒体中采用变宽度的边梁与柱截面深度进行匹配。边梁的截面高度随着建筑高度成比例地减小。

对于德克萨斯州休斯敦 26 层的壳牌广场二号楼（Two Shell Plaza）（1972 年），法兹勒·汗和布鲁斯·格雷厄姆摒弃了在大堂空间上方引入深梁来转换上方柱子的做法，创造了一条荷载自然传递的钢筋混凝土拱，用较深的边梁通过剪力传递竖向荷载，柱在立面上的宽度沿建筑物高度保持不变。

力流的最后一个实例是 21 层的海丰银行（Marine Midland Bank），钢筋混凝土柱的尺寸从上往下逐渐增加，将荷载分配到大堂楼层的几根柱子上。周边框筒边梁的高度逐渐增加，在立面上呈现向上的效果。在荷载传递区域附近，柱和梁的平面内和平面外尺寸均增加。沿建筑物高度，柱在立面上的宽度纤细至极——特别是在建筑物顶部

壳牌广场一号楼，休斯敦，
得克萨斯州

壳牌广场二号楼，休斯敦，
得克萨斯州

海丰银行，罗切斯特，纽约州

的机械设备层。塔楼角部没有柱子，这是布鲁斯·格雷厄姆构思的建筑物底部应如何落地的一个范例。

5.2　结构平面

5.2.1　侧向与重力体系

侧向体系构件和重力体系构件在结构平面中并不专门标明。这些结构平面通常仅表示出结构的一部分，竖向构件一般会标出，但是在结构整体立面和剖面中有更完整地描述。

确定荷载传递路径时，评估通常从平面开始，随后是立面和剖面，最后是基础体系。附加在楼板上的荷载从刚度最小的构件传递到刚度最大的构件。典型的荷载传递是从楼板到楼面梁或桁架，接着到主梁，然后到柱或墙。这种方式对于所有材料都是相同的，但是在某些结构中可能不存在主梁或次梁，仅仅包含无梁楼盖或"板"。

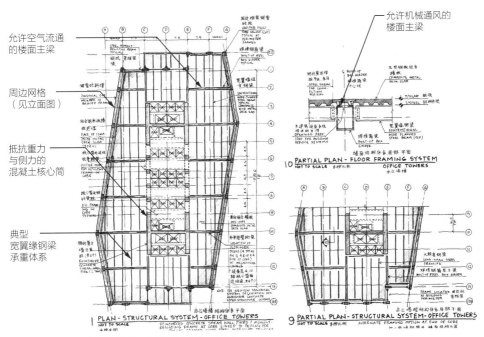

塔楼结构体系平面与细部构造，恒隆设计竞赛，中国

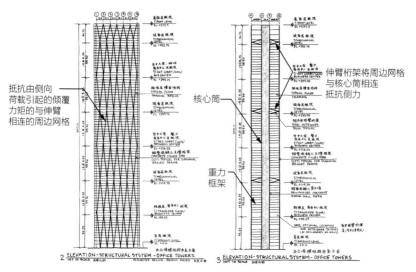

塔楼结构体系立面与剖面，恒隆设计竞赛，中国

5.2.2 钢结构

约翰·汉考克中心，伊利诺伊州芝加哥市（John Hancock Center, Chicago, Illinois）－钢结构楼面梁从内部钢柱横跨到外部支撑框架，其中内部钢柱仅抵抗重力荷载（梁和内柱采用翼缘不连接、腹板剪力

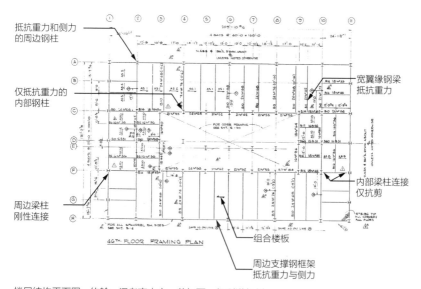

楼层结构平面图，约翰·汉考克中心，芝加哥，伊利诺伊州

连接的典型节点）。外部支撑框架的斜撑、竖向和水平构件采用完全抗弯连接。外部支撑框架筒体同时抵抗重力和侧向荷载。

美因南街 222 号，犹他州盐湖城（222 South Main，Salt Lake City，Utah）－钢结构楼面梁从内部中心支撑框架（防屈曲支撑）横跨到周边抗弯框架（梁柱完全焊接连接，保证节点的抗弯和抗剪能力）。

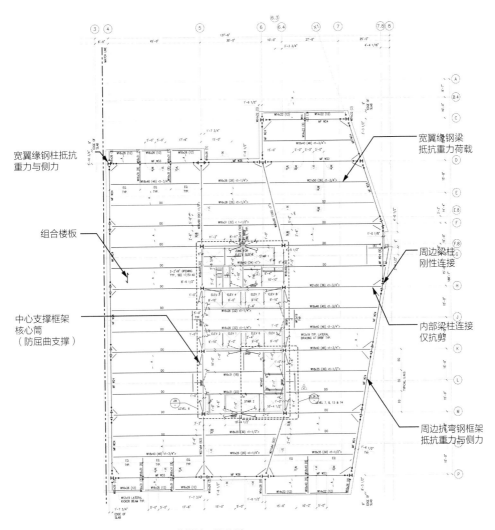

宽翼缘钢柱抵抗重力与侧力

组合楼板

中心支撑框架核心筒（防屈曲支撑）

宽翼缘钢梁抵抗重力荷载

周边梁柱刚性连接

内部梁柱连接仅抗剪

周边抗弯钢框架抵抗重力与侧力

楼层结构平面图，美因南街 222 号，盐湖城，犹他州

5.2.3 混凝土结构

梦露西街 500 号, 伊利诺伊州芝加哥市（500 West Monroe, Chicago, Illinois） – 大跨度后张预应力混凝土梁从周边钢筋混凝土框架横跨到中央钢筋混凝土剪力墙核心筒。周边框架和核心筒抵抗侧向和重力荷载。

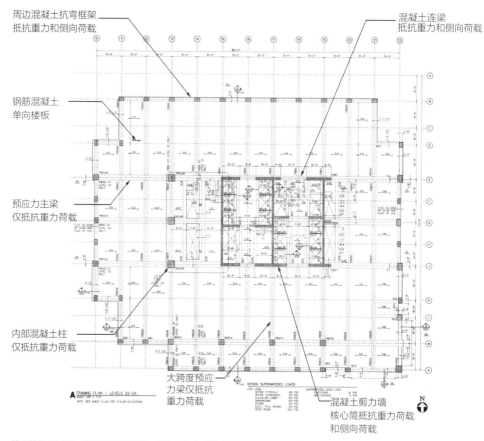

周边混凝土抗弯框架抵抗重力和侧向荷载

混凝土连梁抵抗重力和侧向荷载

钢筋混凝土单向楼板

预应力主梁仅抵抗重力荷载

内部混凝土柱仅抵抗重力荷载

大跨度预应力梁仅抵抗重力荷载

混凝土剪力墙核心筒抵抗重力荷载和侧向荷载

楼层结构平面图, 梦露西街 500 号, 芝加哥, 伊利诺伊州

加州大学默塞德分校图书馆，加利福尼亚州（*University of California, Merced, Library, California*）- 传统的大跨度钢筋混凝土梁横跨于建筑内部两个主要方向上的钢筋混凝土框架。

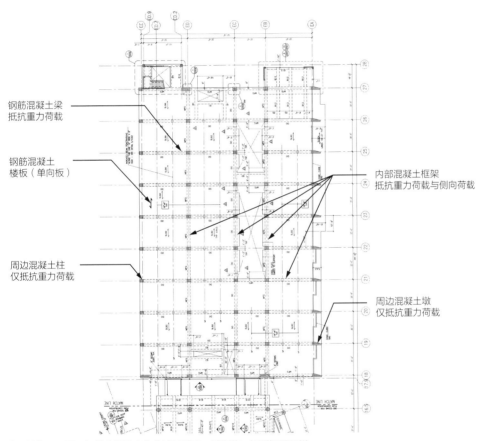

钢筋混凝土梁
抵抗重力荷载

钢筋混凝土
楼板（单向板）

周边混凝土柱
仅抵抗重力荷载

内部混凝土框架
抵抗重力荷载与侧向荷载

周边混凝土墩
仅抵抗重力荷载

楼层结构平面图，加州大学默塞德分校图书馆，默塞德，加利福尼亚州

5.2.4 混合结构

中国保利总部，中国北京（China Poly Headquarters，Beijing，China）－钢结构楼面梁从钢筋混凝土剪力墙核心筒横跨到抗弯钢框架。典型楼面梁端部连接使用腹板螺栓连接，而框架梁采用螺栓和焊接混合连接，保证框架梁的抗弯能力充分发挥。剪力墙核心筒和框架抵抗侧向和重力荷载。

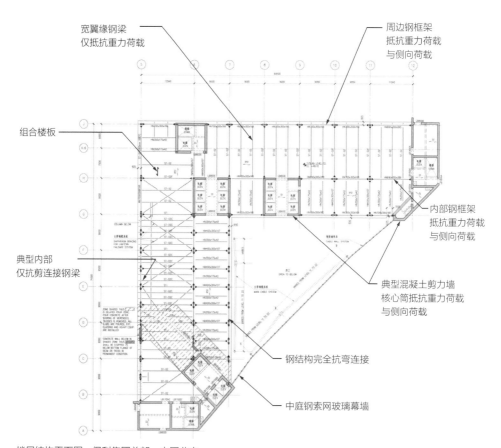

楼层结构平面图，保利集团总部，中国北京

金奥大厦，中国南京（*Jin'ao Tower，Nanjing，China*）– 传统的大跨度钢筋混凝土梁横跨于中央钢筋混凝土剪力墙核心筒和周边钢筋混凝土框架筒体之间。钢结构圆管斜撑位于周边框架筒体的外侧，增加对侧向荷载的抵抗能力。核心筒、周边框架和斜撑都承受侧向荷载，核心筒和周边框架也抵抗重力荷载。

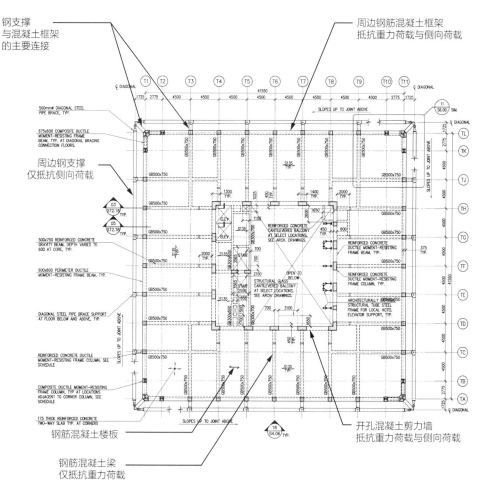

楼层结构平面图，金奥大厦，中国南京

5.3 结构体系立面

5.3.1 钢结构

威利斯大厦（原西尔斯大厦），伊利诺伊州芝加哥市（Willis Tower（formally Sears Tower），Chicago，Illinois）－钢框架束筒用于抵抗侧向和重力荷载。框架布置于周边和内部。当框架筒体沿高度退台时，采用带状钢桁架传递侧向荷载。

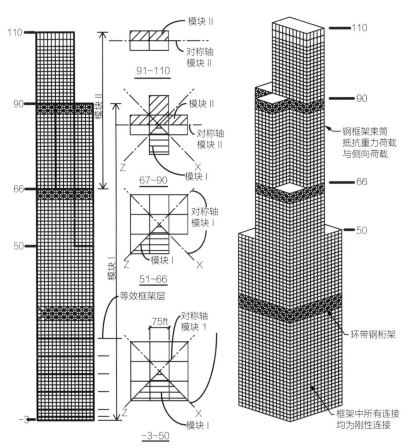

抗侧力体系立面图，威利斯大厦（原西尔斯大厦），芝加哥，伊利诺伊州

塔斯廷遗产公园，加利福尼亚州塔斯廷（*Tustin Legacy Park，Tustin，California*）－中心支撑和偏心支撑框架筒体与周边钢框架相结合，抵抗侧向和重力荷载。

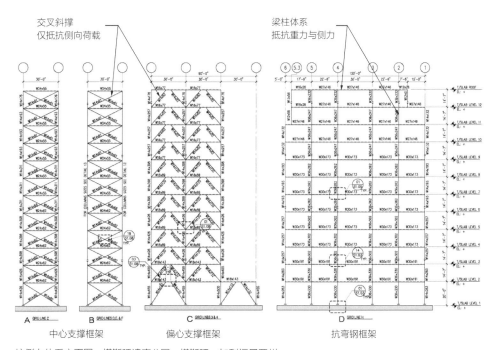

抗侧力体系立面图，塔斯廷遗产公园，塔斯廷，加利福尼亚州

5.3.2　混凝土结构

　　金地广场，中国北京（*Gemdale Plaza，Beijing，China*）- 四个立面中两个立面是内填不规则框架的钢筋混凝土巨型框架，另外两个立面是传统的钢筋混凝土抗弯框架，与钢筋混凝土剪力墙核心筒一起抵抗侧向和重力荷载。

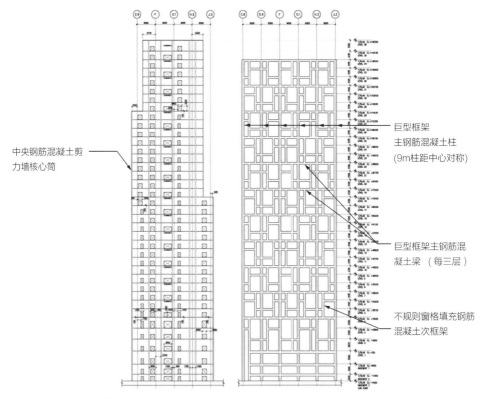

中央钢筋混凝土剪力墙核心筒

巨型框架
主钢筋混凝土柱
(9m柱距中心对称)

巨型框架主钢筋混凝土梁（每三层）

不规则窗格填充钢筋混凝土次框架

抗侧力体系立面图，金地广场，中国北京

哈利法塔，阿拉伯联合酋长国迪拜（*Burj Khalifa，Dubai，UAE*）－钢筋混凝土扶壁剪力墙核心筒与周边钢筋混凝土巨柱相连，抵抗侧向和重力荷载。

施工影像，哈利法塔，阿联酋迪拜

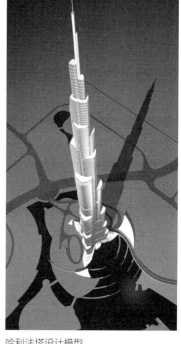

哈利法塔设计模型

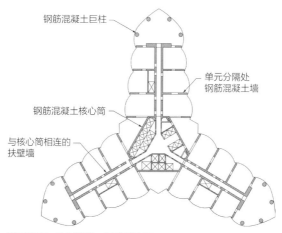

钢筋混凝土巨柱

单元分隔处钢筋混凝土墙

钢筋混凝土核心筒

与核心筒相连的扶壁墙

楼层平面，哈利法塔，阿联酋迪拜

5.3.3 混合结构

金茂大厦，中国上海（*Jin Mao Tower，Shanghai，China*）－钢筋混凝土剪力墙核心筒通过三个双层高的伸臂桁架与组合巨柱相连。核心筒和四周巨柱抵抗重力和侧向荷载。

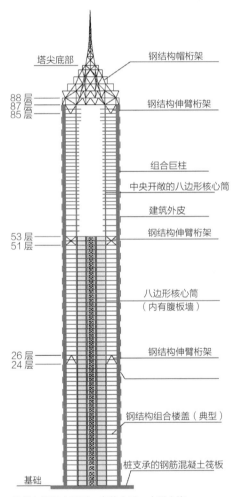

抗侧力体系立面图，金茂大厦，中国上海

天津环球金融中心，中国天津（*Tianjin Global Financial Tower*，*Tianjin，China*）－中央钢板核心筒（圆形钢管柱通过钢板相连）与周边混合抗弯框架相连接。

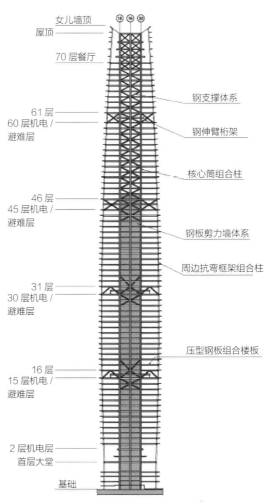

抗侧力体系立面图，天津环球金融中心，中国天津

第6章

属性

强度属性涉及规范限值和材料类型,正常使用属性包括侧移、阻尼、风致加速度、徐变、收缩、弹性压缩,它们对高层建筑设计具有根本性影响。在确定可行性和正常使用时,对材料、建筑比例和建筑承受荷载时行为的理解是至关重要的。

6.1 强度

对结构体系中的构件,采用极限状态设计法(荷载和抗力分项系数设计)还是容许应力设计法将根据当地规范和材料类型决定。冗余度、荷载传递路径以及体系中构件的重要性决定了结构设计中需特殊考虑的因素。强度设计通常基于重现期为 50 年的风荷载,以及 50 年内超越概率 10% 的地震动,并采用与结构体系相关的折减系数(反应调整系数)进行调整。随着抗压强度为 16000psi 或更高的混凝土的普遍生产,历史上对高层建筑钢结构的信赖已逐步扩展到超高强混凝土,其抗压强度接近早期的铸铁 / 钢材。36 级钢与 50 级钢合并使用,屈服强度为 65ksi 或更高强度的钢材也很常见。

混凝土和钢材强度增加,可以设计更高效和更小的结构构件。此外,钢结构和钢筋混凝土在结构中相结合(组合)取得了极为有效的解决方案。

对页图
建设中的哈利法塔,阿联酋迪拜

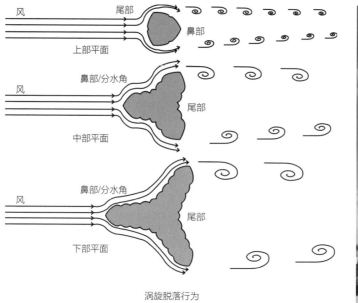

风
尾部
鼻部
上部平面

风
鼻部/分水角
尾部
中部平面

风
鼻部/分水角
尾部
下部平面

涡旋脱落行为

被打乱的涡旋脱落

完工后的哈利法塔，阿联酋
迪拜

6.2 正常使用

除了强度之外，高层建筑的正常使用性可能是最重要的设计内容，有时也是最容易忽视的。大多数人认为侧移是刚度的控制因素；事实上，风引起的振动加速度可能更为关键。人员对运动的感受可能受建筑物的功能、刚度、质量和结构阻尼的影响。

6.2.1 侧移

国际公认的超高结构的侧移标准 $h/500$，是基于弹性变形（某些钢筋混凝土构件截面会开裂，包括连梁和抗弯框架梁）和 50 年重现期的风荷载确定的。从历史上看，有些高层建筑的设计曾经允许高达 $h/400$ 的侧移。

计算结构上的合理风荷载时，应根据建筑材料和非结构部件考虑特定的阻尼比（参见下面的阻尼部分）。

难以查到关于建筑物受到风荷载作用时允许侧移的专门规范。加

地震作用下的变形

建设中的塔楼，雅居乐大厦，中国广州

拿大建筑规范（所有建筑物均为 h / 500）和中国国家标准对此做出了规定。另一方面，UBC 规定了地震侧移限值并且根据所使用的结构体系进行取值。

其限定如下：$\Delta m = 0.7R\Delta s$

其中，

Δm = 最大非弹性侧移（当 T<0.7s 时，Δm 不得超过 $0.025h$，当 $T \geqslant 0.7$s 时，Δm 不得超过 $0.02h$。即分别为 h / 40 和 h / 50）

R = 侧向体系系数，代表超强和整体延性影响

Δs = 最大弹性侧移

一些规范，例如中国的国家标准，在风和地震条件下采用严格的建筑物侧移限制，并按结构体系采用不同限值。这些限值是基于 50 年重现期风荷载、多遇地震（50 年内超越概率 62.5%）和弹性截面特性（钢筋混凝土采用全截面特性）确定的。下表总结列出了主要结构体系和限值。

结构体系	与高度无关	H < 150m	150m ≤ H ≤ 250m	H > 250m
钢结构				
风（屋顶）	h/500	–	–	–
风（层间）	h/400	–	–	–
频遇地震	h/250	–	–	–
罕遇地震	h/70	–	–	–
混凝土结构（频遇风和地震）				
框架	–	h/550	插值	h/500
框架剪力墙（剪力墙）	–	h/800	插值	h/500
仅剪力墙, 筒中筒	–	h/1000	插值	h/500
混合结构（频遇风与地震）				
钢框架-剪力墙	–	h/800	插值	h/500
混合框架-剪力墙	–	h/800	插值	h/500
混合框架 (钢梁)	h/400	–	–	–
混合框架 (组合梁)	h/500	–	–	–
混凝土框架（罕遇地震）				
框架	h/50	–	–	–
框架-剪力墙	h/100	–	–	–
剪力墙-筒中筒	h/120	–	–	–
混合结构（罕遇地震）				
混合框架	h/50	–	–	–
其他	h/100	–	–	–

在风荷载和地震作用引起侧向位移的高层建筑中必须考虑二阶（P-Δ）效应。这些效应可能使侧移增加 10%，抗侧力构件强度设计时也要考虑。主要建筑工程项目的侧移列表如下：

建筑	高度	侧移	材料
西尔斯大厦（芝加哥）	445m	H/550	钢结构
金茂大厦（上海）	421m	H/908	混合结构
中环广场（香港）	374m	H/780	混凝土
阿莫科大厦（芝加哥）	346 m	H/400	钢结构
约翰·汉考克中心（芝加哥）	344m	H/500	钢结构
哥伦比亚中心（西雅图）	288m	H/600	混合结构
花旗银行广场（香港）	220m	H/600	混合结构

6.2.2 阻尼

高层建筑的阻尼会对设计作用力和风致加速度产生显著影响。阻尼是材料相关的特性，并且与结构的负载需求成比例。理论分析、实验室测试和现场监测为设计提供了常用数据。在高层建筑结构中通常考虑的整体阻尼如下：

材料	风荷载重现期			
	1~10 年	50 年	100 年	1000 年（防倒塌）
混凝土	2%	3%	5%	7%
钢	1%	2%	3%	4%

建筑物阻尼可以具体计算如下：

$$\xi = \xi_N + \xi_M + \xi_{SD} + \xi_{AE} + \xi_{SDS}$$

其中，

ξ = 建筑物总阻尼比

ξ_N = 非结构构件阻尼比（1%~1.5%）

ξ_M = 材料阻尼（未开裂混凝土构件 = 0.75%，钢材 = 0%）

ξ_{SD} = 结构阻尼（带裂缝的混凝土构件 = 0.5%~1.5%，钢材 = 0%~0.5%）

ξ_{AE} = 空气弹性阻尼（0%~0.75%）

ξ_{SDS} = 附加阻尼系统（黏弹性 = 5%~30%，振动吸收器 = 1%~5%）

并且，

$$\xi_{SD} = \frac{\sum E_D}{4\pi E_{SO}}$$

其中，

E_D = 每个构件每次循环达到规定性能等级的能量损失

E_{SO} = 与规定性能等级相关的建筑物总弹性应变能

$$E_{SO} = \sum \frac{1}{2} F_i \Delta_i$$

其中，

    F_i = 每个楼层给定方向的风荷载

    Δ_i = 在每个楼层加载点处对应的位移

$$\Sigma E_D = k \cdot \Sigma E_{SD}$$

其中，

$$k = 调整系数，\quad k = \frac{4\pi\,(E_{SD模型})\,\zeta_{SD“量测值”}}{\sum E_{SD模型}}$$

    E_D = 构件的总能量损失（"量测值"）

    E_{SD} = 构件中的总应变能（模型计算）

6.2.3　加速度

　　风致加速度达到不可接受的水准时，高层建筑在强风作用期间可能无法使用。横风向加速度／升力加速度通常比顺风向／拖曳加速度更危险。已有记载表明，在强风期间超高层建筑中的人员感觉到建筑物的晃动、感到心慌，在某些风暴期间人们逃出了建筑物。风暴期间，其他视觉或听觉条件会引起不适。人感受到的相对于相邻结构的运动，特别是转动，最容易引发不适。卫生间里的水可能会晃动。外墙构件或内部隔墙可能会吱吱作响。风速、建筑高度、朝向、体型和沿高度

约翰·汉考克大厦中的公寓，芝加哥，伊利诺伊州

的规则程度都对建筑的行为有影响。

内耳对运动非常敏感。躺着的人比坐着或站立的人更容易受到影响。居住在建筑物（住宅或公寓）而不是短时间使用建筑物（办公楼）的人通常更容易感知建筑物的运动。可感知加速度的限值是：

建筑用途	不同重现期风荷载下水平加速度	
	1 年	10 年
办公楼	（0.01~0.013）g	（0.02~0.025）g
酒店	（0.007~0.01）g	（0.015~0.02）g
公寓	（0.005~0.007）g	（0.012~0.015）g

通常顶层加速度最为关键，对建筑钢结构阻尼比取 1%、混合结构或钢筋混凝土结构取 1.5% 计算其加速度。重现期是指在规定的时间段内，统计预期最大的风对应的最大加速度。

在许多情况下，结构的扭转加速度/速度比水平加速度更重要，特别是居住者以相邻结构为参考点时。可接受的扭转速度限值是 3.0 毫弧度/秒（milli-radians/sec）。加拿大国家建筑结构规范条文说明第 4 部分提供了一种预测水平加速度的计算方法。这种方法提供了一个很好的初步计算，然后再通过理性的风洞研究来证实。

如果建筑物在两个方向上都很细长，那么横风向加速度可能会超过顺风向加速度，即：

$$\sqrt{WD}/H < \frac{1}{3}$$

其中，

W = 横风向尺寸（m）

D = 顺风向尺寸（m）

H = 建筑物高度（m）

对于这些细高的结构，由风致运动引起的加速度定义为：

$$a_{\mathrm{w}} = n_{\mathrm{w}}^2 g_{\mathrm{p}} \sqrt{WD} \left(\frac{a_{\mathrm{r}}}{\rho_{\mathrm{B}} \mathrm{g} \sqrt{\beta_{\mathrm{w}}}} \right)$$

对于不太细长的结构或风速较低时，最大加速度为：

$$a_{\mathrm{D}} = 4\pi^2 n_{\mathrm{D}}^2 g_{\mathrm{p}} \sqrt{\frac{K_{\mathrm{s}} F}{C_{\mathrm{e}} \beta_{\mathrm{D}}} \frac{\Delta}{C_{\mathrm{g}}}}$$

其中，

a_{w}，a_{D} = 横风向和顺风向峰值加速度（m/s²）

$$a_r = 78.5 \times 10^{-3} \left[V_H / \left(n_w \sqrt{WD} \right) \right]^3 \text{（Pa）}$$

ρ_B = 建筑物的平均密度（kg/m³）

β_w，β_D = 横风向和顺风向的阻尼比

n_w，n_D = 横风向和顺风向的基本自振频率（Hz）

Δ = 风荷载作用下建筑顶部顺风向的最大侧移（m）

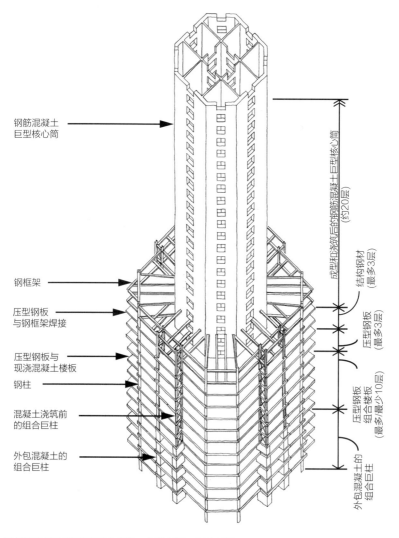

钢筋混凝土
巨型核心筒

钢框架

压型钢板
与钢框架焊接

压型钢板与
现浇混凝土楼板

钢柱

混凝土浇筑前
的组合巨柱

外包混凝土的
组合巨柱

成型并浇筑后的钢筋混凝土巨型核心筒（约20层）

结构钢材（最多3层）

压型钢板（最多3层）

压型钢板组合楼板（最多最少10层）

外包混凝土的组合巨柱

结构材料 / 施工工序的混合应用，金茂大厦，中国上海

g = 重力加速度 = 9.81m/s^2

g_p = 荷载效应的统计峰值系数

K = 与地面粗糙系数相关的系数

s = 尺寸折减系数

F = 阵风能量比

C_e = 建筑物顶部的暴露系数

C_g = 动态阵风系数

可以将附加阻尼引入结构中以控制加速度。该阻尼可以包括调谐质量、水箱、摆锤或黏滞阻尼系统。

6.2.4　徐变、收缩和弹性压缩

高层建筑楼层中的竖向构件因受力而缩短。这种缩短在施工阶段就开始，并可在施工完成后持续长达 10000 天。竖向位移影响非结构构件，包括外墙、内部隔墙和竖向设备系统。

施工影像，金茂大厦，
中国上海

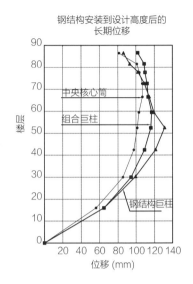

钢结构安装到设计高度后的
长期位移

中央核心筒

组合巨柱

钢结构巨柱

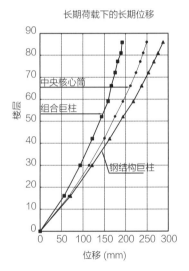

长期荷载下的长期位移

中央核心筒

组合巨柱

钢结构巨柱

施工影像，徐变、收缩和弹性压缩结果，金茂大厦，中国上海

　　这些位移曾经导致高层建筑中的水管支座失效，特别是在混凝土塔楼中，管道铺设之后很长时间内会发生徐变和收缩。结构顶部竖向位移达到 300mm（12in）或更多并不罕见。楼板平面内的竖向构件的相对位移会导致楼板倾斜，或使未考虑相对位移设计的连接部件过载。

在评估结构体系内竖向构件之间的长期相对变形时，钢结构更容易预测。假设竖向构件不会受到偏心荷载的长期影响，位移仅受轴向荷载引起的弹性压缩的影响。因此，考虑相对位移的变量是自重荷载和它们在竖向构件上的分布，以及在结构完工后附加的恒荷载和活荷载。

钢筋混凝土或组合结构中竖向构件之间的相对位移更难以预测，因为时间、几何形状、材料成分、养护和荷载都会对短期和长期徐变、收缩和弹性压缩产生影响。使这些构件的应力相等是一个重要的设计考虑因素。对于初步计算，可以采用 700×10^{-6} in/in 的总应变。

应使用下列指南在设计中考虑徐变、收缩和弹性压缩：

1. 确定施工顺序。

2. 计算设计荷载（只需要考虑实际的、持续的荷载），并尝试考虑结构的预期实际抗压强度（在大多数情况下，现场混凝土实际抗压强度可能比理论设计值高 10%~25%）。在中央钢筋混凝土剪力墙体系中超过 90% 的持续荷载可能是恒荷载和附加恒荷载。在周边钢柱的总荷载，75% 可能是恒荷载和附加恒荷载，以及 15% 的外墙荷载和 10% 的活荷载。

3. 计算预期的竖向位移。

4. 制定一项施工方案，要求承包商建造到结构"设计标高"。这可以通过激光测量技术完成，并在施工期间对结构构件进行调整（例如调整模板高度、对钢结构提供预制垫片）。

5. 在特定楼层高度建立构件施工时间和位移的关系。该方法允许将体系内的位移在这一点"归零"。

6. 确定控制构件之间相对位移所需的校正。重要的是不要过度补偿，记住，安装在高于设计标高的构件必须穿过理论零点或水准点，它可以位于相对构件下方并且仍然在可接受的偏差范围内。

时间点 i 的弹性应变方程：

$$\varepsilon_{e_i} = \frac{P_{g_i}}{A_{t_i} E_{c_i}} + \varepsilon_{e_{i-1}}$$

其中，

  ε_{e_i} = 时间点 i 的总弹性应变

  P_{g_i} = 在时间点 i 施加的重力荷载增量（kN）

  A_{t_i} = 时间点 i 的换算截面面积（mm^2）

  E_{c_i} = 时间点 i 的混凝土弹性模量（MPa）

  $\varepsilon_{e_{i-1}}$ = 前一时间点的总弹性应变

时间点 i 的收缩应变方程：

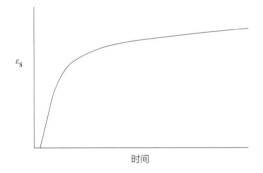

$$\varepsilon_{s_i} = \left(\varepsilon_{s_iw} - \varepsilon_{s_{i-1}w} \right) R_{cf_i} + \varepsilon_{s_{i-1}}$$

其中，

  ε_{s_i} = 时间点 i 的总收缩应变

  ε_{s_iw} = 时间点 i 的基准收缩应变

  $\varepsilon_{s_{i-1}w}$ = 前一时间点的基准收缩应变

  R_{cf_i} = 时间点 i 的钢筋修正系数

  $\varepsilon_{s_{i-1}}$ = 前一时间点的总收缩应变

时间点 j 的荷载在时间点 i 引起的徐变应变增量方程：

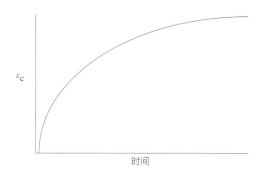

$$\varepsilon_{c(i-1)\to ij} = \left(\varepsilon_{c_i w_j} - \varepsilon_{c_{(i-1)} w_j}\right) R_{cf_i}$$

其中，

$\varepsilon_{c(i-1)\to ij}$ = 时间点 j 的荷载在时间点 i 引起的徐变应变增量

$\varepsilon_{c_i w_j}$ = 时间点 j 的荷载在时间点 i 引起的徐变应变，不考虑钢筋作用

$\varepsilon_{c_{(i-1)} w_j}$ = 时间点 j 的荷载在前一时间点产生的徐变应变，不考虑钢筋作用

R_{cf_i} = 时间点 i 的钢筋修正系数

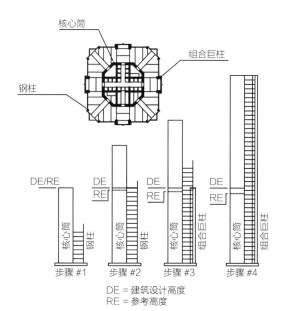

DE = 建筑设计高度
RE = 参考高度

建造到设计标高，金茂大厦，中国上海

115

第 7 章

特征

动力特性、空气动力性能、结构材料布置、楼层高度和高宽比都是实现高层建筑结构效率最大化需考虑的重要特性。

7.1　动力特性

高层建筑的基本周期可以通过预计的楼层数量除以 10 来大致估算。根据 ANSI（ASCE-88）规程，对于高层结构的平动和扭转反应，可以使用以下公式计算其周期：

钢结构建筑：$T = 0.085H^{0.75}$

混凝土建筑：$T = 0.061H^{0.75}$

钢结构或混凝土建筑：$T_\theta = 0.054N$

其中，

T = 基本平动周期

T_θ = 一阶扭转周期

H = 建筑高度（m）

N = 楼层数量

因此，对于 50 层高，平均楼层高度 4m 的塔楼使用上述公式，可得：

钢结构 $T = 0.085（200）^{0.75} = 4.5s$

混凝土结构 $T = 0.061（200）^{0.75} = 3.2s$

对页图
建设中的阿尔·哈姆拉大厦，科威特城，科威特

建筑（高度，材料）	基本平动振型	扭转振型
金茂大厦（H = 421 m，混合结构）	T_1 = 5.7s，T_2 = 5.7s	T_θ = 2.5s
哈利法塔（H = 828 m，钢筋混凝土结构）	T_1 = 11.0s，T_2 = 10.0s	T_θ = 4.0s
哈姆拉塔（Al Hamra Tower） （H = 415 m，钢筋混凝土结构）	T_1 = 7.5s，T_2 = 5.9s	T_θ = 3.2s
金地广场大厦（H = 150 m，钢筋混凝土结构）	T_1 = 4.4s，T_2 = 3.6s	T_θ = 2.4s
天津环球金融中心（H = 339 m，钢结构）	T_1 = 8.2s，T_2 = 7.5s	T_θ = 6.1s
金城国际中心（Kingtown International Center） （H = 235 m，混合结构）	T_1 = 5.0s，T_2 = 4.8s	T_θ = 3.6s

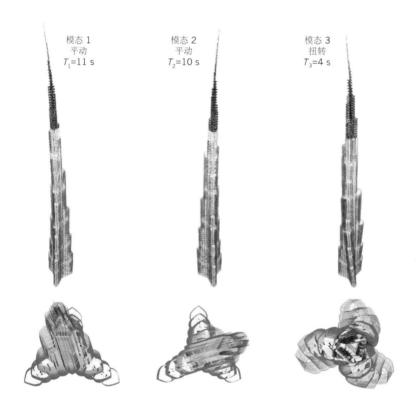

动力特性，哈利法塔，阿联酋迪拜

7.2　空气动力性能

高层建筑的空气动力性能对于设计荷载最小化非常重要。横风向振动（垂直于风荷载方向）常控制结构的性能，有序的涡旋脱落会产生最大的水平作用力。圆形截面形状的涡旋脱落最有序（影响最不利），三角形截面次之，方形截面最无序。贯穿建筑物的开洞可以进一步改善其性能。结构横截面沿高度的变化也起到扰乱或消除涡旋脱落的作用。基于涡旋脱落的频率、几何形状和风速计算的斯特劳哈尔数（Strouhal numbers）描述了气流周期性摆动的机理。常见建筑形状的斯特劳哈尔数如下图括号中所示。

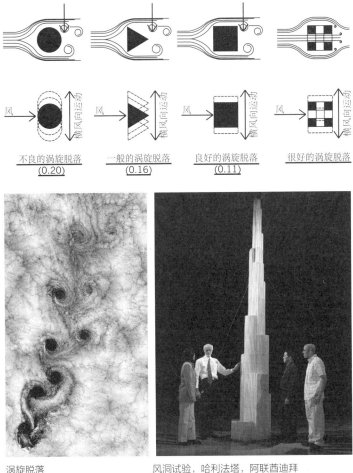

涡旋脱落　　　　　　　风洞试验，哈利法塔，阿联酋迪拜

7.3 结构材料布置

高层建筑内结构材料的布置对于提高效率和经济性至关重要。将材料布置在结构的四周使有效刚度最大。将材料集中的构件（柱）布置在方形平面四角处是效率最高的，将其布置在方形平面四边中点处或沿圆形平面均匀分布，仅仅实现了 50%的效率。

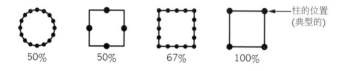

7.4 楼层高度

楼层高度最小化可以最大限度地实现结构的使用率。应努力协调建筑设备和吊顶净高的关系。所需的楼层数量一定时，可以降低建筑物的高度，或者在指定的高度限制内，楼层数量可以得到最大化。对于办公用途，9ft（2740mm）的吊顶高度大概对应 13ft1.5in（4000mm）的楼层高度。而对于住宅用途，作为设计基础，楼层高

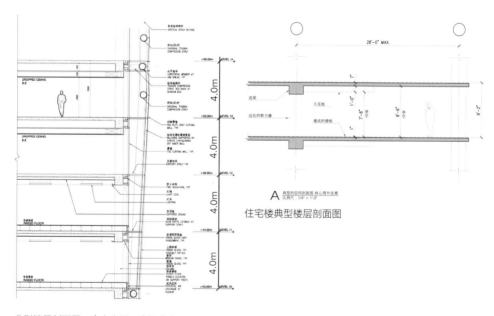

典型楼层剖面图，金奥大厦，中国南京

住宅楼典型楼层剖面图

度 10ft6in（3200mm）可实现最低 8ft（2440mm）吊顶高度（没有吊顶的天花板会更高一些）。

7.5　高宽比

建筑的高宽比是建筑的高度与最小结构宽度的比值。对于超高层建筑，充分利用建筑物的整个结构宽度是很重要的。对于结构体系布置在四周的建筑物，目标高宽比在 6 ： 1~7 ： 1 之间是很常见的。对于高层建筑，该比值可以是 8 ： 1 或更大。通常，高宽比大于 8 ： 1 的建筑物应考虑附加阻尼系统以减少人员对振动的感知。位于中央的剪力墙核心筒通常具有 10 ： 1~15 ： 1 的高宽比。

建筑	高度	高宽比 （高度/宽度）	材料
威利斯大厦（原西尔斯大厦）	445m	6.4	钢结构
金茂大厦	421m	7.0	混合结构
阿莫科大厦	346m	6.0	钢结构
约翰·汉考克中心	344m	6.6	钢结构

C = 结构的特性

H = 高度

D = 最小轮廓尺寸（宽度）

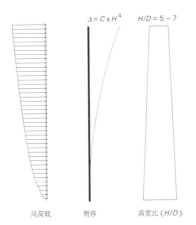

侧移和高宽比的大致考虑，塔楼高度（H）与宽度（D）定义，金茂大厦，中国上海

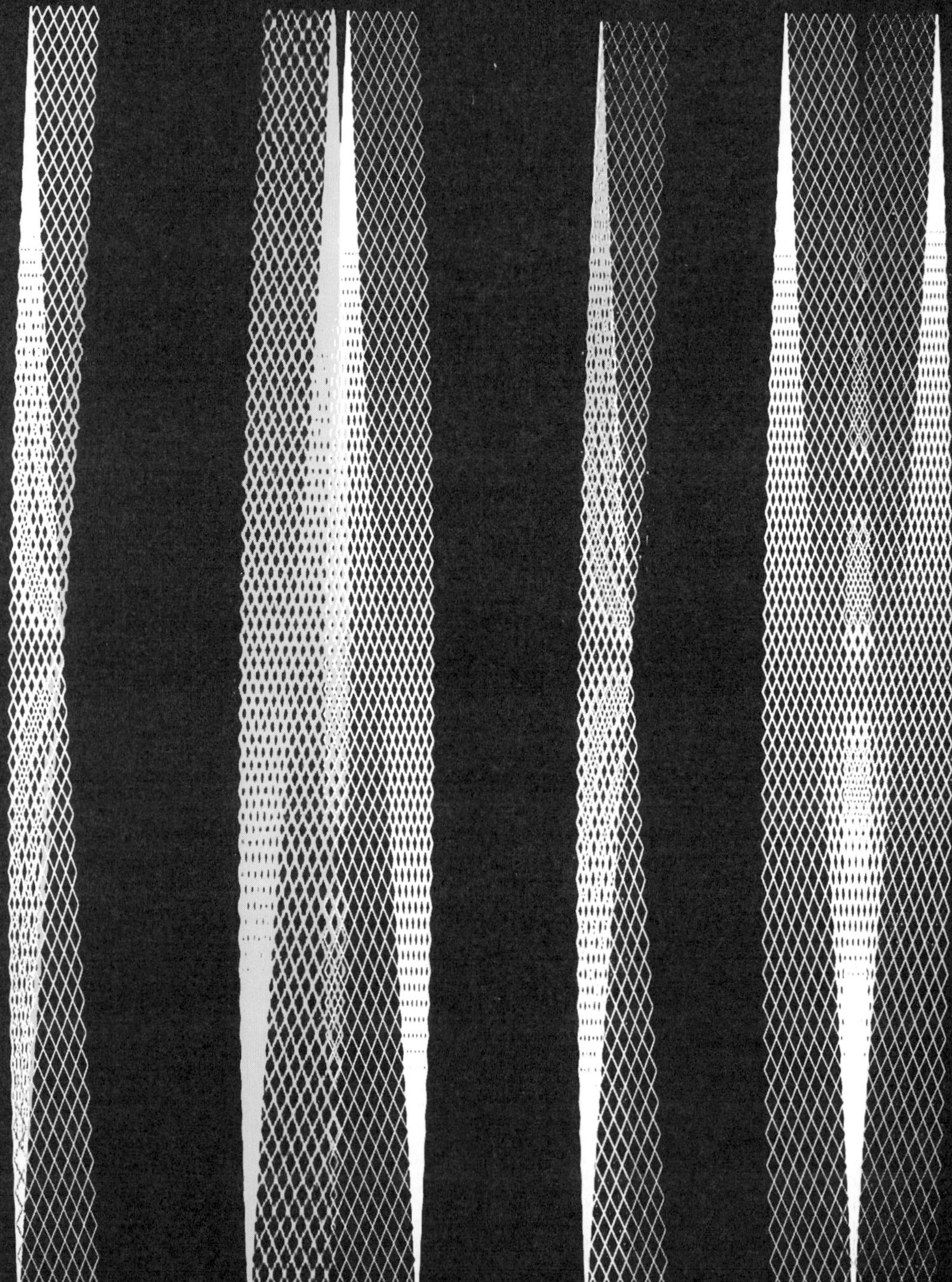

第8章

体系

　　选择高层建筑的结构体系时需要考虑的因素很多，其中安全性、用户舒适度以及经济性最为关键。当然实用性以及美观效果也会决定可行的方案，例如建筑周边柱距不希望过密。可选择的建筑材料、施工工期以及承包商的专业性也是必须考虑的因素。一些特殊的场地，比如较差的岩土条件或者高烈度地震区，可能会需要特定的结构体系。

　　建筑的使用功能是选择结构体系时一个很重要的考虑因素。例如，住宅或酒店通常情况下多采用钢筋混凝土结构体系。这种结构体系跨度较小时多采用无梁楼盖，跨度增加时可采用预应力来尽量减小结构构件高度。一般来说，9m×9m（30ft×30ft）的柱网能够与居住功能很好结合，也很容易与地下室停车要求相协调。这种楼盖体系的底部装修粉刷之后即可作为天花完成面，同时楼层净高也能够最大化。钢结构或者组合结构也适用于这种建筑，特别是施工工期很紧张的情况下。但值得注意的是需要防火保护和吊顶。

结构体系草图，金陵大厦设计概念，中国南京

对页图
金陵大厦概念设计效果图，中国南京

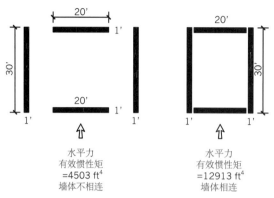

惯性矩比较，结构体系平面

钢筋混凝土结构体系也可用于办公楼，但大跨度的情况应慎重考虑。理想的办公空间布局要求的楼面跨度大约 13.5m（45ft），因此使用常规钢筋混凝土楼面梁的高度会很大。使用预应力可以有效地减小楼面梁高度。但是通常不建议在办公楼的楼板中使用预应力，因为在大楼的整个使用寿命期间，不能切割预应力筋导致楼板不能开洞，租户难以对结构进行改造（如增加上下层之间的楼梯等）。为了避免这些局限，可以考虑在指定区域使用常规钢筋混凝土体系，或者使用架空地板（管线可以布置在架高空间内，从而避免穿过结构）。

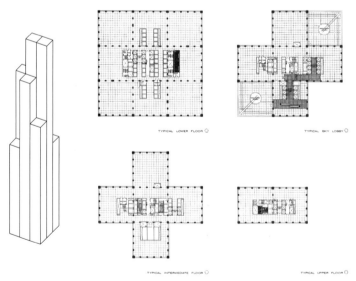

简体结构体系概念以及其楼面布置，威利斯大厦（前西尔斯大厦），芝加哥，伊利诺伊州

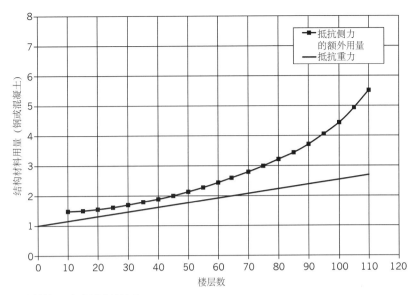

结构材料用量与楼层数的关系

钢结构或组合结构体系既可用于住宅又可用于办公建筑。住宅用途的层高通常会增加（钢梁下面需要另做吊顶），吊顶做法一般会在钢梁间嵌入面板来提供最大的净高。而对于办公楼，钢结构更为合适，以后的结构改造更容易（局部区域可以调整结构布置来实现开洞）、大跨度要求也更容易解决。采用宽翼缘构件时，设备系统可以从梁下穿过。使用钢桁架时，设备管道可以布置在腹杆间。需要特别注意的是钢结构的防火保护，一般要求布置吊顶。可以使用架空楼板来实现机械送风，并布置弱电和数据线。

8.1 材料用量

一般来说，中低层结构承受重力荷载需要的材料用量是相对恒定的，高度增加时会线性增加，而抗侧力体系需要的材料量却会随着高度显著增加。

一般来说，高度超过 23m（75ft）的建筑定义为高层建筑。可以想象 610m（2000ft）或者更高结构的设计难度会相当之大。

重力荷载体系所需的最小材料用量（每单位建筑面积）：

钢结构：　　　　　49 kg/m²（10 psf）

0.1 m³/m²（0.4 ft³/ft²）（混凝土）*

4.8 kg/m²（1.0 psf）（钢筋）*

钢筋混凝土结构：　32 kg/m²（6.5 psf）（钢筋）

0.34 m³/m²（1.1 ft³/ft²）（混凝土）

* 钢结构的组合楼板通常所需的混凝土和钢筋

随着高度的增加，采用的结构体系也会发生变化。例如，15 层 61.6m（202ft）的芝加哥信托大厦（Reliance Building）使用了钢框架结构体系，用钢量大约 68 kg／m²（14psf）。如果同样的结构体系使用在 50 层（约 200m 或 656ft）的建筑当中，钢框架的用钢量会达到 244kg／m²（50psf）或更高。假如核心区采用支撑筒，周边采用钢框架，则用钢量可以减少到 122kg／m²（25psf）。

8.2 结构体系的适用范围

随着楼层数量和结构高度的增加，结构体系的选择必须考虑风荷载和重力荷载的共同作用。在强震区，构件的延性构造对实现结构体系的优良性能至关重要。有时候考虑到质量、几何和刚度特性的不同，

The John Hancock Center . . . was designed in six months' less time by computers.

X-Braces Trim Steel Tonnage

法兹勒·汗（Fazlur Kahn）博士的杰出贡献 —结构体系的创新和计算程序的使用

地震动产生的侧向力可能对设计（强度和正常使用）起控制作用。

高层建筑结构体系一般指的是其抗侧力体系。抗侧力体系通常具有双重作用，既需要抵抗风和地震的作用，又要承担重力荷载。另外高层结构还包含有其他仅承担重力荷载的构件，如楼板、楼面梁和重力柱，采用抗剪或铰接节点。

基于楼层数量和结构高度来确定各类结构体系的适用范围是主观的，但是根据多年经验总结，这可以作为最有效和安全的方法。比如说刚性抗弯框架的限定高度一般是 35 层，差不多 140m（460ft），但是可以用到更高的结构（帝国大厦是采用抗弯框架的实例，高度达到

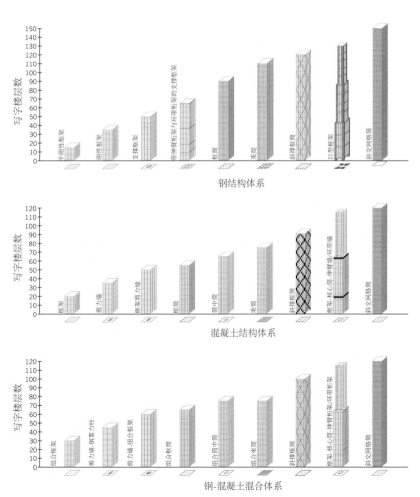

结构体系的适用范围

了 102 层，382m（1252ft），所以每个项目结构体系的选择都必须根据其建筑方案进行充分考虑。

结构体系通常的适用范围如上图所示。图中楼层数量是基于办公楼的层高来计算的，可类推于其他功能的建筑。

8.2.1 钢结构

下面列出的建筑层高都为 4.0m（13 ft，1.5 in），到吊顶的净高 2.75m（9ft）。大堂的层高为 6m（20ft）。结构中间高度的位置一般会有一个 8m（26ft）高的设备层，或者 60 层以上的建筑会有一个空中大堂。

8.2.1.1 半刚性抗弯钢框架

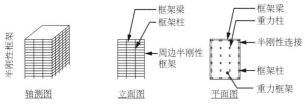

通常楼层数限制为 15 层，高度 62m（203 ft，4 in）

半刚性抗弯框架通常由宽翼缘型钢柱和梁组成，框架主要连接节点一般采用摩擦型高强度螺栓。部分刚性的框架节点允许加载时有一定的转动。柱间距通常在层高和两倍层高之间，也就是在 4.5m（15ft）到 9m（30ft）之间。建筑物越高，就越需要较高的宽翼缘型钢柱和梁截面，以及较小的柱距。柱截面通常在 W14 到 W36 间选取，梁截面通常在 W21 到 W36 之间。

8.2.1.2 刚性抗弯钢框架

抗弯框架通常由宽翼缘型钢柱和梁组成，框架主要连接节点一般采用摩擦型高强度螺栓、全焊接或者栓焊混合连接。框架节点完全刚接时，能够完全发挥梁截面的抗弯承载力。柱间距通常在层高和两倍层高之间，也就是在 4.5m（15ft）到 9m（30ft）之间。建筑物越高，

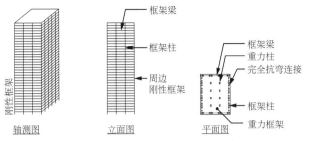

通常楼层数限制为 35 层，高度 142m（465 ft，9 in）

就越需要较高的宽翼缘型钢柱和梁截面，以及较小的柱距。柱截面通常在 W14 到 W36 间选取，梁截面通常在 W21 到 W36 之间。这种类型的抗弯框架的特性与半刚性钢框架类似，但是采用摩擦型高强度螺栓、全焊接或者栓焊混合方式的连接节点，可以实现全刚性连接，能够完全发挥梁截面的抗弯承载力。

8.2.1.3　支撑钢框架

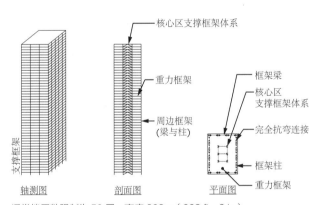

通常楼层数限制为 50 层，高度 202m（662 ft，6 in）

钢支撑通常会在核心筒区域或周边设置，构件截面为宽翼缘型钢、角钢、T 形钢或者钢管。人字形（Chevron，或 K 形）支撑和中心支撑（X 形）使用得最多。构件之间的连接一般使用节点板。柱中心距在 4.5m（15ft）到 9m（30ft）。

抗弯框架由宽翼缘型钢柱和梁组成，框架主要连接节点一般采用摩擦型高强度螺栓、全焊接或者栓焊混合连接。框架节点完全刚接时，能够完全发挥梁截面的抗弯承载力。柱间距通常在层高和两倍层高之间，也就是在 4.5m（15ft）到 9m（30ft）之间。建筑物越高，就越需要较高的宽翼缘型钢柱和梁截面，以及较小的柱距。柱截面通常在 W14 到 W36 间选取，梁截面通常在 W21 到 W36 之间。

钢支撑主要用于承担侧向荷载，满足结构的强度和侧移需要。抗弯框架辅助提高结构的抗侧强度及刚度，同时提高整体结构的抗扭转能力。

8.2.1.4 带伸臂桁架和环带桁架的钢支撑框架

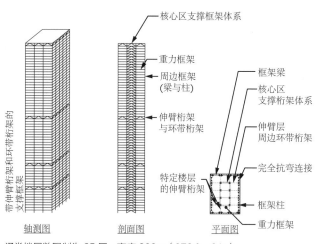

通常楼层数限制为 65 层，高度 266m（872 ft，6 in）

钢支撑通常会在核心筒区域或周边设置，构件截面为宽翼缘型钢、角钢、T形钢或者钢管。人字形（Chevron，或 K 形）支撑和中心支撑（X形）使用得最多。构件之间的连接一般使用节点板。柱间距在 4.5m（15ft）到 9m（30ft）。

伸臂桁架通常为一整层高（两层高时效果更好），它的作用是连接核心筒和周边框架。构件多为大截面的宽翼缘型钢或者焊接组合截面。

在伸臂桁架的相同高度位置，沿着周边框架布置环带桁架。它能够非常有效地将伸臂桁架里的力均匀传递到周边框架。

抗弯框架由宽翼缘型钢柱和梁组成，框架主要连接节点一般采用摩擦性高强度螺栓、全焊接或者栓焊混合连接。框架节点完全刚接时，能够完全发挥梁截面的抗弯承载力。柱间距通常在层高和两倍层高之间，也就是在 4.5m（15ft）到 9m（30ft）之间。建筑物越高，就越需要较高的宽翼缘型钢柱和梁截面，以及较小的柱距。柱截面通常在 W14 到 W36 间选取，梁截面通常在 W21 到 W36 之间。

钢支撑主要用于承担侧向荷载，满足结构的强度和侧移需要。抗弯框架辅助提高结构的抗侧强度和刚度，同时提高整体结构的抗扭转能力。位于 25% 高度、中间高度或者屋顶的伸臂桁架可以发挥杠杆作用，限制核心筒的侧向变形，并且将侧向力传递至周边框架柱。

8.2.1.5　周边钢框架筒

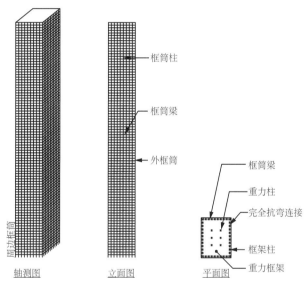

框筒柱

框筒梁

外框筒

框筒梁

重力柱

完全抗弯连接

框架柱

重力框架

周边框筒

轴测图　　　立面图　　　平面图

通常楼层数限制为 90 层，高度 366m（1200 ft，6 in）

筒体结构由宽翼缘型钢或者焊接截面的钢柱和钢梁组成，框架主要连接节点一般采用摩擦型高强度螺栓、全焊接或者栓焊混合连接。框架节点完全刚接时，能够完全发挥梁截面的抗弯承载力。柱间距通常和层高基本一致，与内隔墙或者外幕墙竖向龙骨对齐（柱间距通常4.5m，或 15ft）。建筑物越高，就越需要较高的宽翼缘型钢柱和梁截面，以及较小的柱距。

框架筒体结构设计为柱和梁的弯曲刚度大致相等。当整体结构承受侧向载荷时，此结构体系试图在柱中均匀分配轴力，减轻剪力滞后。

剪力滞后是指当框架承受侧向载荷时正面、背面柱子承担的轴力很不均匀的现象。

8.2.1.6 钢框架束筒

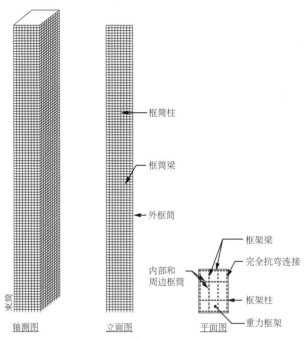

框筒柱

框筒梁

外框筒

框架梁

完全抗弯连接

内部和
周边框筒

框架柱

重力框架

轴测图　　　　立面图　　　　平面图

通常楼层数限制为 110 层，高度 446m（1462 ft，10 in）

　　束筒结构由宽翼缘型钢或者焊接截面的钢柱和钢梁组成，框架主要连接节点一般采用摩擦型高强度螺栓、全焊接或者栓焊混合连接。框架节点完全刚接时，能够完全发挥梁截面的抗弯承载力。柱间距通常和层高基本一致，与内隔墙或者外幕墙竖向龙骨对齐（柱间距通常4.5m，或 15ft）。建筑物越高，就越需要较高的宽翼缘型钢柱和梁截面，以及较小的柱距。

　　束筒结构设计为柱和梁的弯曲刚度大致相等。当整体结构承受侧向载荷时，此结构体系在柱中均匀分配轴力，减轻剪力滞后。剪力滞后是指当框架承受侧向载荷时正面、背面柱子承担的轴力很不均匀的现象。

　　束筒结构采用了模块化的概念，通过设置内部框架来进一步减轻剪力滞后。束筒通常会在楼层平面大小变化的高度设置环带桁架,这样可以将各个筒体更好地连接在一起。

8.2.1.7 周边钢支撑筒

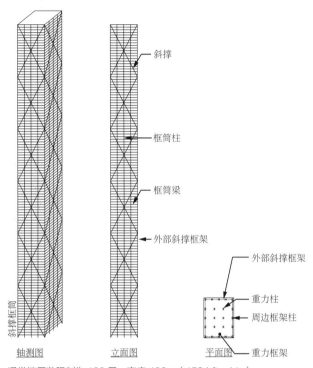

斜撑

框筒柱

框筒梁

外部斜撑框架

外部斜撑框架

重力柱

周边框架柱

重力框架

轴测图   立面图   平面图

通常楼层数限制为 120 层,高度 486m(1594 ft,1 in)

筒体结构由宽翼缘型钢或者焊接截面的钢柱和钢梁组成,框架主要连接节点一般采用摩擦型高强度螺栓、全焊接或者栓焊混合连接。框架节点完全刚接时,能够完全发挥梁截面的抗弯承载力。柱间距通常和层高基本一致,与内隔墙或者外幕墙竖向龙骨对齐(柱间距通常4.5m,或 15ft)。建筑物越高,就越需要较高的宽翼缘型钢柱和梁截面,以及较小的柱距。

在筒体周边布置斜撑构件,这些构件通常会跨越多个楼层。当整体结构承受侧向载荷时,此结构体系在柱中均匀分配轴力,减轻剪力滞后。剪力滞后是指当框架承受侧向载荷时正面、背面柱子承担的轴力很不均匀的现象。斜撑的使用能够显著地提高结构效率,因为其侧向刚度直接来源于构件拉压而非弯曲。

8.2.1.8　巨型钢框架

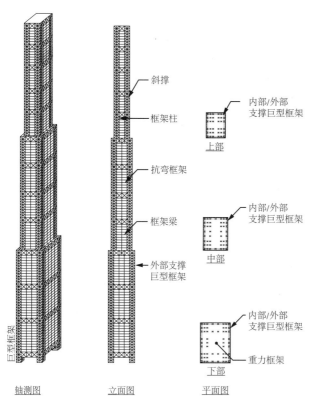

斜撑

框架柱

内部/外部
支撑巨型框架

上部

抗弯框架

内部/外部
支撑巨型框架

中部

框架梁

外部支撑
巨型框架

内部/外部
支撑巨型框架

重力框架

下部

巨型框架

轴测图　　　立面图　　　平面图

通常楼层数限制为 130 层，高度 526m（1725 ft，3 in）

巨型框架由宽翼缘型钢或者焊接截面的钢柱和钢梁组成，框架主要连接节点一般采用摩擦型高强度螺栓、全焊接或者栓焊混合连接。框架节点完全刚接时，能够完全发挥梁截面的抗弯承载力。柱间距通常和层高基本一致，与内隔墙或者外幕墙竖向龙骨对齐（柱间距通常4.5m，或 15ft）。建筑物越高，就越需要较高的宽翼缘型钢柱和梁截面，以及较小的柱距。

周边框架在形式上可看作由多跨和多个楼层的水平和竖向构件组成的巨型／超级框架。周边框架每一跨都布置了斜撑。这种体系可以通过在过渡楼层布置环带桁架来实现楼层平面尺寸沿高度的变化。这种形式的结构体系可以实现很大的中庭或者结构立面开洞，开洞可以让风穿过结构，降低结构剪力和倾覆弯矩。

8.2.1.9　钢斜交网格框架筒

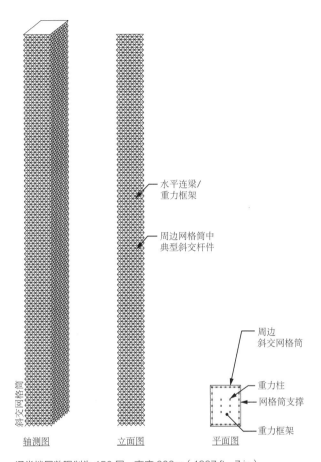

水平连梁/
重力框架

周边网格筒中
典型斜交杆件

周边
斜交网格筒

重力柱

网格筒支撑

重力框架

斜交网格筒

轴测图　　　　立面图　　　　平面图

通常楼层数限制为 150 层，高度 606m（1987 ft，7 in）

外围斜交网格由宽翼缘型钢或者焊接截面的钢柱和钢梁组成，框架主要连接节点一般采用摩擦型高强度螺栓、全焊接或者栓焊混合连接。框架节点完全刚接时，能够完全发挥梁截面的抗弯承载力。柱间距通常和层高基本一致，与内隔墙或者外幕墙竖向龙骨对齐（柱间距通常 4.5m，或 15ft）。建筑物越高，就越需要较高的宽翼缘型钢柱和梁截面，以及较小的柱距。

周边框架的布置使得斜交构件只承担轴向力作用，杆件基本没有弯矩。这样可以显著提高结构效率，减少材料用量。斜交网格布置得越密，结构构件尺寸越小，结构效率也越高。

8.2.2 钢筋混凝土结构

下面列出的建筑层高都为 3.2m（10 ft, 6 in），吊顶净高 2.45m（8ft）。大堂层高为 6m（20ft）。结构高度中间的位置一般会有一个 6.4m（21ft）高的设备层，或者 60 层以上的建筑会有一个空中大堂。

8.2.2.1 钢筋混凝土框架

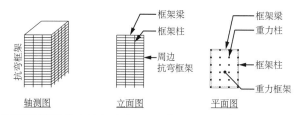

通常楼层数限制为 20 层，高度 66.8m（219 ft, 1 in）

抗弯框架由矩形或者方形截面柱和梁组成，连接节点通过钢筋构造来发挥梁截面的抗弯承载力。柱间距通常在层高和两倍层高之间，也就是在 4.5m（15ft）到 9m（30ft）之间。建筑物越高，就越需要较高的梁和柱截面、较小的柱距，同时考虑矩形截面柱的布置方向，使得抗弯能力最大。

8.2.2.2 钢筋混凝土剪力墙

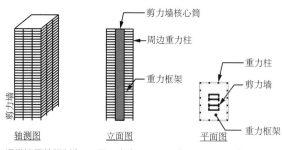

通常楼层数限制为 35 层，高度 114.8m（376 ft, 6 in）

剪力墙通常集中布置在建筑核心筒区域，环绕着电梯井、设备用房和卫生间。但是对于住宅类型的建筑，剪力墙会在楼层平面分散布置。有时剪力墙在建筑平面内偏心布置，质量中心和抗侧刚度中心不重合，此时剪力墙必须抵抗风荷载或地震作用偏心引起的扭矩。

剪力墙之间的间距会随着平面布置而发生变化，但 9m（30ft）是一个常用的距离，这是因为它们之间刚好能放下两部电梯轿厢和一个完整的电梯厅。在核心筒门洞和设备管道开洞的位置，会用连梁连接洞口两侧的剪力墙。连梁高度会在满足门洞净高和设备管道布置的情况下尽量用足，这样有助于实现最大的抗剪和抗弯能力。

剪力墙承担所有的侧向荷载，同时要承受墙肢拉力和基底上拔 / 倾覆。因此需要特别注意剪力墙在平面中的位置和尺寸，以及重力荷载的平衡，从而有效地减小墙肢拉力。

8.2.2.3 钢筋混凝土框架 – 剪力墙

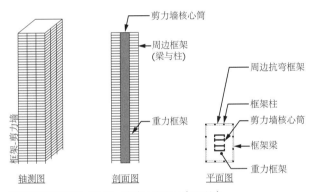

通常楼层数限制为 50 层，高度 162.8m（534ft）

剪力墙通常集中布置在建筑核心筒区域，环绕着电梯井、设备机房和卫生间。但是对于住宅类型的建筑，剪力墙会在楼层平面分散布置。有时剪力墙在建筑平面内偏心布置，质量中心和抗侧刚度中心不重合，此时剪力墙必须抵抗风荷载或地震作用偏心引起的扭矩。

剪力墙之间的间距会随着平面布置而发生变化，但 9m（30ft）是一个常用的距离，这是因为它们之间刚好能放下两部电梯轿厢和一个完整的电梯厅。在核心筒门洞和机电管道开洞的位置，会用连梁连接洞口两侧的剪力墙。连梁高度会在满足门洞净高和机电管道布置的情况下尽量用足，这样有助于实现最大的抗剪和抗弯能力。

框架与剪力墙共同工作来提高强度和刚度。抗弯框架中矩形或者方形截面柱和梁组成，连接节点通过钢筋构造充分发挥梁截面的抗弯承载力。柱间距通常在层高和两倍层高之间，也就是在 4.5m（15ft）到 9m（30ft）之间。建筑物越高，就越需要较高的梁和柱截面、较小的柱距，同时考虑矩形截面柱的布置方向，使得抗弯能力最大。

剪力墙承担大部分侧向荷载，尤其是在结构的下部区域，可能要承受墙肢拉力和基底倾覆。因此需要特别注意剪力墙在平面中的位置和尺寸，以及重力荷载的平衡，从而有效地减小墙肢拉力。

8.2.2.4　钢筋混凝土框架筒

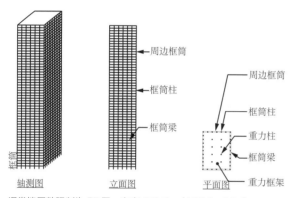

通常楼层数限制为 55 层，高度 178.8m（586 ft，6 in）

抗弯框架筒由矩形或者方形截面柱和梁组成，连接节点通过钢筋构造充分发挥梁截面的抗弯承载力。柱间距通常小于层高，也就是在 3m（10ft）到 4.5m（15ft）之间。建筑物越高，就越需要较高的梁和柱截面、较小的柱距，同时考虑矩形截面柱的布置方向，使得抗弯能力最大。

框架筒设计为柱和梁的弯曲刚度大致相等。当整体结构承受侧向载荷时，结构体系能够在柱中均匀分配轴力，减轻剪力滞后。剪力滞后是指当框架承受侧向载荷时正面、背面柱子承担的轴力很不均匀的现象。

8.2.2.5　钢筋混凝土筒中筒

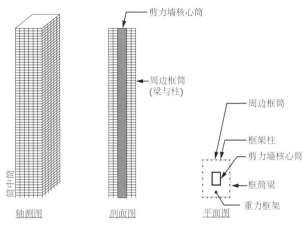

通常楼层数限制为 65 层，高度 214m（701 ft，11 in）

抗弯框架筒由矩形或者方形截面柱和梁组成，连接节点通过钢筋构造充分发挥梁截面的抗弯承载力。柱间距通常小于层高，也就是在 3m（10ft）到 4.5m（15ft）之间。建筑物越高，就越需要较高的梁和柱截面、较小的柱距，同时考虑矩形截面柱的布置方向，使得抗弯能力最大。

框架筒设计为柱和梁的弯曲刚度大致相等。当整体结构承受侧向载荷时，结构体系能够在柱中均匀分配轴力，减轻剪力滞后。剪力滞后是指当框架承受侧向载荷时正面、背面柱子承担的轴力很不均匀的现象。

内部框架筒或者剪力墙和外围框架筒共同工作来提高筒中筒结构的强度和刚度。

8.2.2.6　钢筋混凝土束筒

抗弯框架筒由矩形或者方形截面柱和梁组成，连接节点通过钢筋构造充分发挥梁截面的抗弯承载力。柱间距通常小于层高，也就是在 3m（10ft）到 4.5m（15ft）之间。建筑物越高，就越需要较高的梁和柱截面、较小的柱距，同时考虑矩形截面柱的布置方向，使得抗弯能力最大。

框架筒设计为柱和梁的弯曲刚度大致相等。当整体结构承受侧向载荷时，结构体系能够在柱中均匀分配轴力，减轻剪力滞后。剪力滞后是指当框架承受侧向载荷时正面、背面柱子承担的轴力很不均匀的现象。

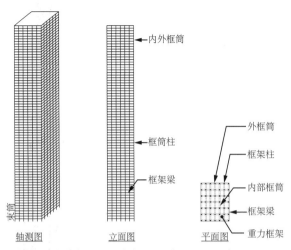

通常楼层限制数为 75 层，高度 246m（806 ft10 in）

　　内部框架筒和外围框架筒共同工作来提高束筒结构的强度和刚度。这些框架在平面内呈单元式布置，框架柱沿着轴线布置，所以内部框架需要和使用空间进行很好的协调。

8.2.2.7　钢筋混凝土斜撑框架

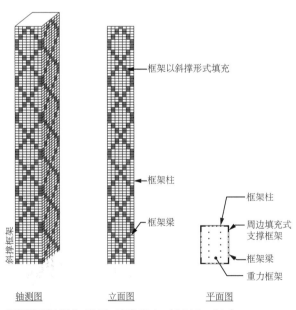

通常楼层限制数为 90 层，高度 294m（964 ft，4 in）

抗弯框架由矩形或者方形截面柱和梁组成，连接节点通过钢筋构造来发挥梁截面的抗弯承载力。柱间距通常小于层高，也就是在 3m（10ft）到 4.5m（15ft）之间。建筑物越高，就越需要较高的梁和柱截面、较小的柱距，同时考虑矩形截面柱的布置方向，使得抗弯能力最大。

外部框架采用斜撑体系予以加强。当整体结构承受侧向载荷时，结构体系能够在柱中均匀分配轴力，减轻剪力滞后。剪力滞后是指当框架承受侧向载荷时正面、背面柱子承担的轴力很不均匀的现象。

8.2.2.8　钢筋混凝土框架 – 核心筒 – 伸臂墙 / 环带墙

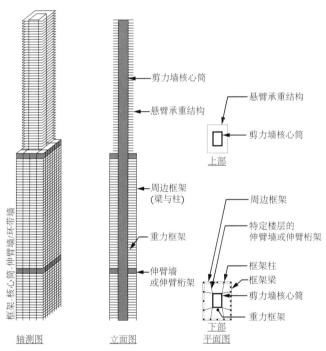

框架 - 核心筒 - 伸臂墙 / 环带墙

剪力墙核心筒

悬臂承重结构

周边框架
（梁与柱）

重力框架

伸臂墙
或伸臂桁架

轴测图　　立面图

悬臂承重结构

剪力墙核心筒

上部

周边框架

特定楼层的
伸臂墙或伸臂桁架

框架柱
框架梁
剪力墙核心筒
重力框架

下部
平面图

通常楼层数限制为 110 层，高度 358m（1174 ft，3 in）

巨型核心筒剪力墙居中布置在建筑平面，环绕着电梯井、设备机房和卫生间。核心筒通常是封闭形状，例如方形、矩形、圆形或者八角形，这样可以有效提高平动和扭转刚度。

剪力墙之间的间距会根据具体布置而发生变化，但 9m（30ft）是一个常用的距离，这是因为它们之间刚好能放下两部电梯轿厢和一个完整的电梯厅。在核心筒门洞和设备管道开洞的位置，会用连梁连接洞口两侧的剪力墙。连梁高度会在满足门洞净高和机电管道布置的情况下尽量用足，这样有助于实现最大的抗剪和抗弯能力。

巨型核心筒剪力墙通过伸臂墙（通常两层高）或者钢桁架与周边柱相连。伸臂墙将核心筒的荷载传至周边柱或框架，有效地利用整个建筑平面的结构高度。

剪力墙承担大部分侧向荷载，尤其是在结构的下部区域，可能要承受墙肢拉力和基底倾覆。因此需要特别注意剪力墙在平面中的位置和尺寸，以及重力荷载的平衡，从而有效地减小墙肢拉力。

有时也可以在伸臂墙所在的楼层使用环带墙将外部框架柱连接起来，从而更好发挥柱的轴向刚度，提高抗侧能力。

8.2.2.9　钢筋混凝土斜交网格框架

外部斜交网格框架筒由矩形或者方形截面构件组成，楼面常布置

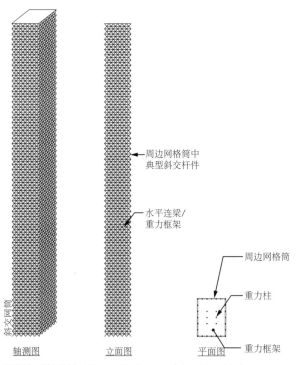

轴测图　　　　立面图　　　　平面图

通常楼层数限制为 120 层，高度 390m（1279 ft, 2 in）

矩形截面钢筋混凝土框架梁。斜撑间距大致等于层高,也就是 4.5m(15ft),并且与内部隔墙或者外幕墙竖向龙骨对齐。建筑物越高,斜撑和框架梁截面高度也就越大,也可采用更小的斜撑间距(3m,或10ft)。

周边框架的布置使得斜撑构件只承担轴向力作用,基本无弯矩。这样可以显著提高结构效率,减少材料用量。网格布置得越密,结构构件尺寸越小,结构效率也越高。

8.2.3 混合结构(钢和混凝土)

下面列出的建筑层高都为 4m(13 ft,1.5 in),吊顶净高 2.75m(9ft)。大堂的层高为 6m(20ft)。结构中间高度的位置一般会有一个 8m 高(26ft)的机电层,或者 60 层以上的建筑会有一个空中大堂。

8.2.3.1 混合框架

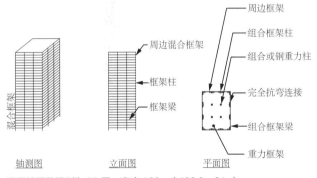

通常楼层数限制为 30 层,高度 122m(400 ft,2 in)

抗弯框架由宽翼缘型钢的柱和梁组成,外包钢筋混凝土。框架主要连接节点一般采用螺栓、全焊接或者栓焊混合连接。连接节点通过钢筋构造充分发挥梁截面的抗弯承载力。柱和梁通常包裹在矩形或方形混凝土截面内。柱间距通常在层高和两倍层高之间,也就是在 4.5m(15ft)到 9m(30ft)之间。建筑物越高,就越需要较高的宽翼缘型钢柱和梁截面,以及较小的柱距。柱截面内型钢通常在 W14 到 W36 间选取,梁截面内型钢通常在 W21 到 W36 之间。截面含钢率一般在 3% 到 10% 之间。

8.2.3.2　钢筋混凝土剪力墙 – 钢重力柱

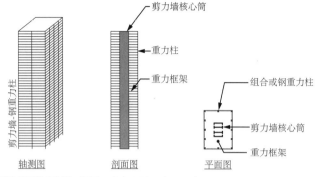

通常楼层数限制为 45 层，高度 182m（597ft）

　　剪力墙通常集中布置在建筑核心筒区域，环绕着电梯井、设备机房和卫生间。但是对于住宅类型的建筑，剪力墙会在楼层平面分散布置。有时剪力墙在建筑平面内偏心布置，质量中心和抗侧刚度中心不重合，此时剪力墙必须抵抗风荷载或地震作用偏心引起的扭矩。

　　剪力墙承担所有的侧向荷载，可能要承受墙肢拉力和基底倾覆。因此需要特别注意剪力墙在平面中的位置和尺寸，以及重力荷载的平衡，从而有效地减小墙肢拉力。钢柱只承担组合楼盖结构的重力荷载。

8.2.3.3　钢筋混凝土剪力墙 – 混合框架

　　剪力墙通常集中布置在建筑核心筒区域，环绕着电梯井、设备机

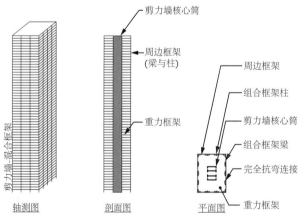

通常楼层数限制为 60 层，高度 246m（806 ft，10 in）

房和卫生间。但是对于住宅类型的建筑,剪力墙会在楼层平面分散布置。有时剪力墙在建筑平面内偏心布置,质量中心和抗侧刚度中心不重合,此时剪力墙必须抵抗风荷载或地震作用偏心引起的扭矩。

剪力墙之间的间距会根据具体布置而发生变化,但 9m(30ft)是一个常用的距离,这是因为它们之间刚好能放下两部电梯轿厢和一个完整的电梯厅。在核心筒门洞和设备管道开洞的位置,会用连梁连接洞口两侧的剪力墙。连梁高度会在满足门洞净高和设备管道布置的情况下尽量用足,这样有助于实现最大的抗剪和抗弯能力。

混合框架与剪力墙共同工作以提高结构体系强度和刚度。抗弯框架由宽翼缘型钢或者焊接截面柱和梁组成,外包钢筋混凝土。钢结构连接节点一般采用螺栓连接、全焊接或者栓焊混合连接来实现固接,从而发挥梁的全部抗弯承载力。柱和梁通常外包混凝土成为矩形或方形,节点钢筋构造能够发挥梁的全部抗弯承载力。柱间距通常在层高和两倍层高之间,也就是在 4.5m(15ft)到 9m(30ft)之间。建筑物越高,就越需要较高的梁和柱截面、较小的柱距,同时考虑矩形截面柱的布置方向,使得抗弯能力最大。

剪力墙承担大部分的侧向荷载,尤其是在结构的下部区域,可能要承受墙肢拉力和基底倾覆。因此需要特别注意剪力墙在平面中的位置和尺寸,以及重力荷载的平衡,从而有效地减小墙肢拉力。

8.2.3.4 混合框架筒

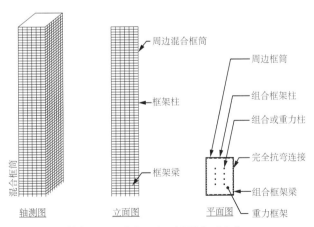

通常楼层数限制为 65 层,高度 266m(872 ft, 6 in)

抗弯框架筒通常由宽翼缘型钢或焊接截面埋置于矩形或方形混凝土柱和矩形混凝土梁组成。框架连接节点一般采用螺栓连接、全焊接或者栓焊混合连接，钢筋构造能够发挥梁全截面的抗弯承载力。柱间距通常和层高基本一致，与内隔墙或者外幕墙竖向龙骨对齐（柱间距通常 4.5m，或 15ft）。建筑物越高，就越需要较高的梁和柱截面、较小的柱距，同时考虑矩形截面柱的布置方向，使得抗弯能力最大。

框架筒设计为柱和梁的弯曲刚度大致相等。当整体结构承受侧向载荷时，结构体系能够在柱中均匀分配轴力，减轻剪力滞后。剪力滞后是指当框架承受侧向载荷时正面、背面柱子承担的轴力很不均匀的现象。

8.2.3.5　混合筒中筒

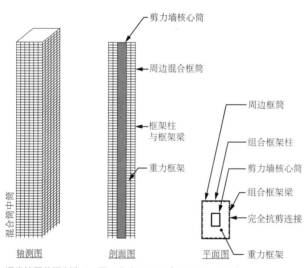

剪力墙核心筒

周边混合框筒

框架柱与框架梁

重力框架

周边框筒

组合框架柱

剪力墙核心筒

组合框架梁

完全抗剪连接

重力框架

混合筒中筒

轴测图　　剖面图　　平面图

通常楼层数限制为 75 层，高度 306m（1003 ft，7 in）

抗弯框架筒通常由宽翼缘型钢或焊接截面埋置于矩形或方形混凝土柱和矩形混凝土梁组成。框架连接节点一般采用螺栓连接、全焊接或者栓焊混合连接，钢筋构造能够发挥梁全截面的抗弯承载力。柱间距通常和层高基本一致，与内隔墙或者外幕墙竖向龙骨对齐（柱间距通常 4.5m，或 15ft）。建筑物越高，就越需要较高的梁和柱截面、较小的柱距，同时考虑矩形截面柱的布置方向，使得抗弯能力最大。

　　框架筒设计为柱和梁的弯曲刚度大致相等。当整体结构承受侧向载荷时，结构体系能够在柱中均匀分配轴力，减轻剪力滞后。剪力滞后是指当框架承受侧向载荷时正面、背面柱子承担的轴力很不均匀的现象。

　　内部框架筒或者剪力墙和周边框架筒共同工作来提高筒中筒结构的强度和刚度。

8.2.3.6　混合束筒

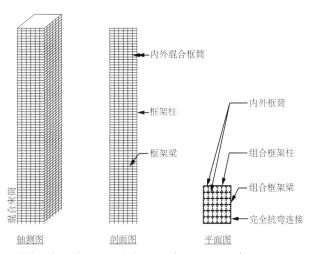

内外混合框筒

框架柱

框架梁

内外框筒

组合框架柱

组合框架梁

完全抗弯连接

混合束筒

轴测图　　　剖面图　　　平面图

通常楼层数限制为 75 层，高度 306m（1003 ft，7 in）

　　抗弯框架筒通常由宽翼缘型钢或焊接截面埋置于矩形或方形混凝土柱和矩形混凝土梁组成。框架连接节点一般采用螺栓连接、全焊接或者栓焊混合连接，钢筋构造能够发挥梁全截面的抗弯承载力。柱间距通常和层高基本一致，与内隔墙或者外幕墙竖向龙骨对齐（柱间距通常 4.5m，或 15ft）。建筑物越高，就越需要较高的梁和柱截面、较小的柱距，同时考虑矩形截面柱的布置方向，使得抗弯能力最大。

　　框架筒设计为柱和梁的弯曲刚度大致相等。当整体结构承受侧向载荷时，结构体系能够在柱中均匀分配轴力，减轻剪力滞后。剪力滞后是指当框架承受侧向载荷时正面、背面柱子承担的轴力很不均匀的现象。

　　内部框架筒和外围框架筒共同工作来提高束筒结构的强度和刚度。

这些框架在平面内呈单元式布置，框架柱沿着轴线布置，所以内部框架需要和使用空间进行很好的协调。

8.2.3.7　混合斜撑框架筒

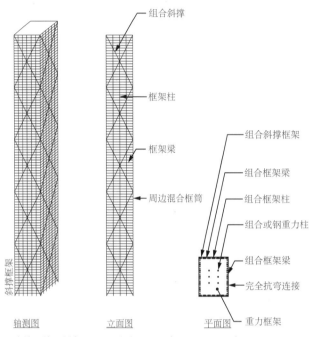

组合斜撑

框架柱

框架梁

周边混合框筒

斜撑框架

组合斜撑框架

组合框架梁

组合框架柱

组合或钢重力柱

组合框架梁

完全抗弯连接

重力框架

轴测图　　立面图　　平面图

通常楼层数限制为 90 层，高度 366m（1200 ft，6 in）

外部斜撑框架由宽翼缘型钢或焊接截面埋置于矩形或方形混凝土柱和矩形混凝土梁组成。框架连接节点一般采用螺栓连接、全焊接或者栓焊混合连接，钢筋构造能够发挥梁全截面的抗弯承载力。柱间距通常和层高基本一致，与内隔墙或者外幕墙竖向龙骨对齐（柱间距通常 4.5m，或 15ft）。建筑物越高，就越需要较高的宽翼缘型钢梁和柱截面，以及较小的柱间距。

外部斜撑筒在周边框架中采用斜撑构件。斜撑会跨越多个楼层。当整体结构承受侧向载荷时，结构体系能够在柱中均匀分配轴力，减轻剪力滞后。剪力滞后是指当框架承受侧向载荷时正面、背面柱子承担的轴力很不均匀的现象。采用斜撑能够显著地提高结构效率（材料利用率），因为结构性能由构件轴向性能而不是弯曲性能决定。

8.2.3.8　混合框架 – 核心筒 – 伸臂桁架 / 环带桁架

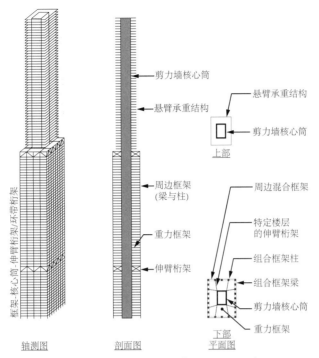

通常楼层数限制为 110 层，高度 446m（1462 ft，10 in）

　　巨型核心筒剪力墙居中布置在建筑平面，环绕着电梯井、设备机房和卫生间。核心筒通常是封闭形状，例如方形、矩形、圆形或者八角形，这样可以有效提高平动和扭转刚度。

　　剪力墙之间的间距会根据具体布置而发生变化，但 9m（30ft）是一个常用的距离，这是因为它们之间刚好能放下两部电梯轿厢和一个完整的电梯厅。在核心筒门洞和设备管道开洞的位置，会用连梁连接洞口两侧的剪力墙。连梁高度会在满足门洞净高和设备管道布置的情况下尽量用足，这样有助于提高抗剪和抗弯能力。

　　巨型核心筒剪力墙通过钢桁架（通常两层高）与周边柱或框架相连。伸臂桁架将核心筒的荷载传递至周边组合柱或框架，有效地利用整个建筑平面的结构高度。

　　巨型核心筒剪力墙承担大部分侧向荷载，尤其是在结构的下部区域，可能要承受墙肢拉力和基底倾覆。因此需要特别注意剪力墙在平面中的位置和尺寸，以及重力荷载的平衡，从而有效地减小墙肢拉力。

有时也可以在伸臂桁架所在的楼层使用环带桁架将外部框架柱连接起来，充分发挥柱的轴向刚度提高抗侧能力。

8.2.3.9　混合斜交网格框架筒

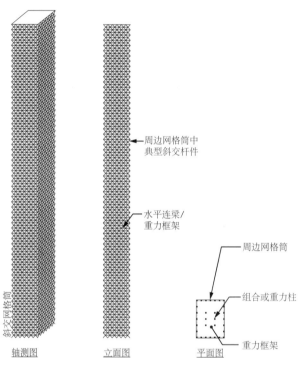

轴测图　　　立面图　　　平面图

——周边网格筒中典型斜交杆件

——水平连梁/重力框架

——周边网格筒

——组合或重力柱

——重力框架

斜交网格筒

通常楼层数限制为 120 层，高度 486m（1594 ft，1 in）

周边斜交网格筒由宽翼缘型钢或焊接截面埋置于矩形或方形混凝土构件组成。楼面通常布置矩形组合框架梁。斜撑间距大致等于层高，也就是 4.5m（15ft），并且与内部隔墙或者外幕墙竖向龙骨对齐。建筑物越高，斜撑截面和梁的截面高度也就越大，也可采用更小的斜撑间距（3m（10ft））。

周边框架的布置使得构件只承担轴向力作用，构件基本无弯矩。这样可以显著提高结构效率，减少材料用量。网格布置得越密，结构构件尺寸也越小，结构效率也越高。

8.3　重要的体系构造

相比大多数结构体系和构件采用的构造，特殊的体系构造不仅是解决结构工程问题的关键，同时也成为建筑设计的亮点。

8.3.1　拉杆拱 – 布罗德盖特二期

伦敦布罗德盖特二期（交易大楼）的建筑外皮以及两个内部位置都采用了拉杆拱结构。其支座处的铰接式钢节点解决了拱的压力和系杆的拉力。这个节点构造使得支座仅存在单个纯竖向反力，直接传递到下方的混凝土边柱和基础。位于建筑外皮的节点不占用内部使用空间，也脱离外墙，经过防火工程设计证明不需要做防火喷涂，可以做成涂漆外露的钢结构。

施工及竣工后照片，布罗德盖特二期（交易大楼），伦敦，英国

8.3.2 摇摆索支座 – 中国保利集团总部

22 层高中国保利集团总部的第 11 层设置了摇摆索支座，这个节点通过高强度钢绞线桥索竖向悬挂支承一个博物馆，同时允许建筑物在地震来临时自由变形。假如没有这个摇摆机制，钢索就会成为一个拉杆斜撑，建筑顶部和博物馆之间的相对变形就会在钢索里产生很大的轴力。这个轴力是钢索和主体建筑都无法承担的。此外，摇摆索支座和钢索也同时为全世界规模最大的索网 60m×90m（197 ft × 295ft）提供侧向支撑。

摇摆索支座，中国保利集团总部

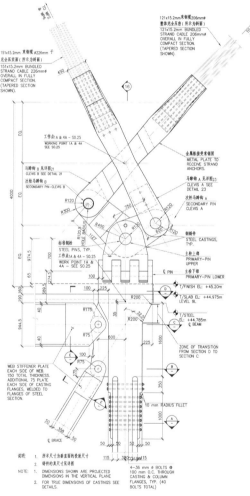

8.3.3　钢管撑 – 金奥国际中心

南京金奥国际中心的钢筋混凝土框架外围布置了钢管斜撑体系，从而将整个抗侧力体系的材料用量降低了40%。钢管偏心布置在结构角部，与钢筋混凝土柱内埋的钢构件相连。钢管斜撑体系仅承担侧向荷载，即便斜撑在火灾或者其他极端情况下丧失承载力，整体结构仍是稳定的。所以钢管不需要做防火喷涂，只需要简单涂漆后外露（布置在双层玻璃幕墙之间）。

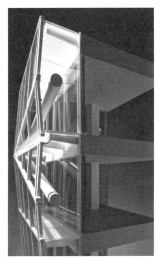
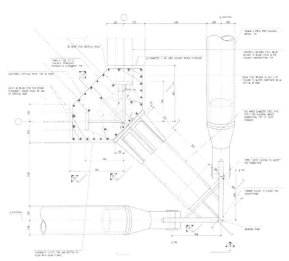

钢管撑，幕墙支撑体系，南京金奥国际中心

8.3.4 销轴桁架 – 金茂大厦

金茂大厦的钢筋混凝土核心筒与周边组合巨柱在施工和使用过程中，会由于收缩、徐变和弹性变形产生沉降差异，大型钢结构伸臂桁架中使用的销轴节点可以很好地适应这个变形。伸臂桁架在竖向构件沉降变形的过程中是一个可变机构，沉降稳定后安装高强度螺栓，在结构完工后的正常使用过程中承担侧向荷载。这个创意最初来源于由木棍、压舌板和木楔组成的一个简单模型。

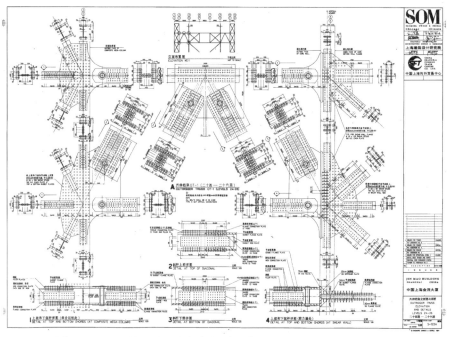

伸臂桁架设计草图，工厂预拼装图，低区桁架连接节点，金茂大厦

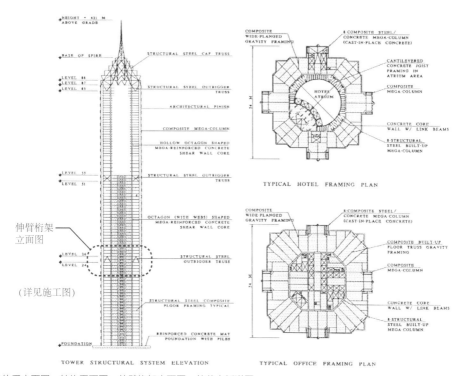

结构体系立面图，结构平面图，伸臂桁架立面图，外节点板详图

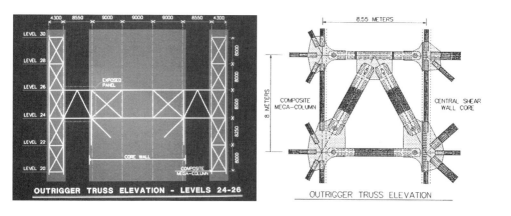

8.3.5 斜撑式内嵌墙

法兹勒·汗于 1982 年去世，生前他正与建筑师布鲁斯·格雷厄姆合作设计生平最重要的一个项目，58 层高位于芝加哥的奥特里中心（Onterie Center Tower）。这幢塔楼在 1986 年竣工，它包含了很多创新设计理念，而其中最具创意的就是将来源于钢结构的支撑框架概念应用到了混凝土结构中。

法兹勒·汗之前也曾经在很多创新结构中使用过钢筋混凝土结构（例如框架筒体），但这是第一次采用混凝土创造一个斜撑框架体系。钢筋混凝土剪力墙以前都用在建筑核心筒里，但这个项目却内嵌在周边框架内，以增加框架刚度。

斜撑式混凝土墙不仅提高了侧向刚度，也同时简化了外幕墙系统，玻璃幕墙只需要在标准框架单元处布置。这些斜撑墙可以将重力荷载均匀分布来抵消侧向荷载产生的拉力，降低剪力滞后，并形成了清晰的路径将荷载传递到塔楼端部的"槽形框架"。

周边框架承担了所有的侧向荷载，所以内部不需要布置框架或核心筒。公寓楼层的使用空间更加灵活。内部柱只需要承担竖向荷载，因此可以按照隔墙、走道和设备区域的需要灵活布置。

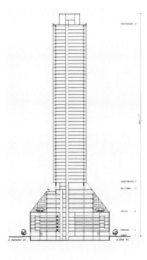

North - South Section

奥特里中心，芝加哥，伊利诺伊州

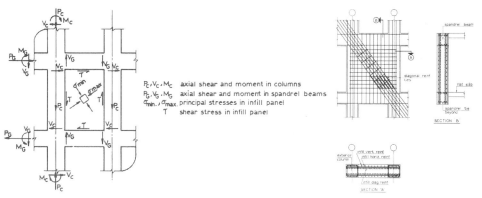

内嵌墙构造，奥特里中心，芝加哥，伊利诺伊州

8.3.6 薄钢板墙 – 天津环球金融中心

在项目早期的概念设计阶段中，天津环球金融中心的开发商表示他们希望塔楼的结构体系采用钢结构。所以设计团队的目标是尽量使用当地容易供给的材料。而该项目的建造地刚好是汽车、军用装备和船舶用薄钢板的制造产地。设计团队决定这一座 339m（1112ft）高

世界最高的钢板剪力墙建筑，天津环球金融中心

的塔楼完全使用薄钢板来建造。最后塔楼核心筒剪力墙、圆柱以及楼面梁全都采用了不超过 19mm（3/4 in）厚度的钢板。

　　钢板剪力墙的设计理念是利用了薄钢板的拉力带效应，梁柱形成的框架作为钢板的边界单元，竖向布置的加劲肋可以防止钢板屈曲。柱采用了冷弯后直焊缝成型的钢管混凝土柱来提高轴向承载力。楼面梁采用了三块钢板焊接成型的工形截面。该结构目前是世界上最高的钢板剪力墙建筑。

钢板剪力墙、柱和楼面梁使用的薄钢板，天津环球金融中心

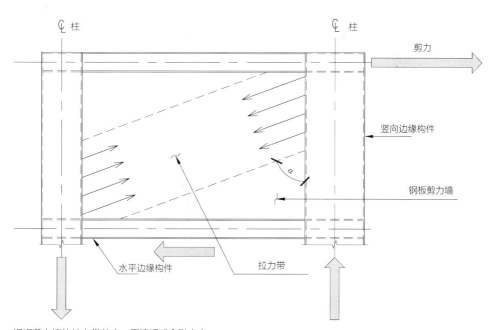

钢板剪力墙和伸臂桁架连接，天津环球金融中心

钢板剪力墙的拉力带效应，天津环球金融中心

第9章

自然

早在 1956 年，弗兰克·劳埃德·赖特（Frank Lloyd Wright）就构思过一英里高的建筑（Mile-High Building）。赖特之后，很多人都有过类似的构想。福斯特建筑事务所提出过千年塔（Millennium Tower），Cervera & Pioz 事务所提出过超群大厦（Bionic Tower）。现实中人们也正朝着这个梦想逐步推进，例如由李祖原设计的曾经世界最高的 508m（1667ft）台北 101，以及目前世界最高楼，由 SOM 设计并于 2010 年竣工的 828m（2716ft）哈利法塔。

树根结构

伊利诺伊州：英里高楼，弗兰克·劳埃德·赖特

对页图
自然界的竹子

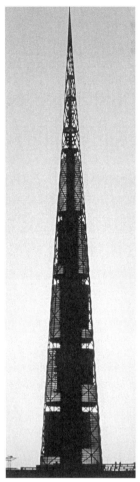

千年塔，福斯特建筑事务所　　超群大厦，罗莎·塞尔维拉和　　台北 101，李祖原建筑设计事务所
　　　　　　　　　　　　　　哈韦尔·皮奥斯

　　当前结构体系的创新、新结构体系的研究对于下一代超高层建筑的发展至关重要。工程创新在应对新的建筑高度带来的结构挑战时，也常常会形成十分有趣的建筑方案。

9.1　密肋框架

　　刚性框架可以进一步加强来提高抵抗风荷载和地震作用的能力，例如位于北京的金地中心采用了密肋框架，在巨型框架中加入次级框架，从而使抗弯框架的经济高度从 35 层提高至 50 层。

刚性框架，内陆钢铁大厦，芝加哥，伊利诺伊州

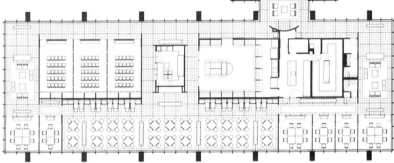

密肋框架，金地中心，中国北京

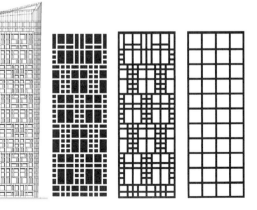

9.2 核心筒与预应力框架

高层建筑的后勤区域、电梯井、卫生间以及设备房常布置在中央核心筒内。一般 40 层以内的建筑物，沿着核心筒布置的墙体能够自然地满足侧向刚度和竖向承重的需求，通常厚度不超过 600mm（24 in）。随着建筑高度进一步增加，核心筒的面积一般会随着电梯数量变多而增大，但即便如此，核心筒剪力墙仍然无法满足侧向刚度的需求。因此通过刚性楼板把核心筒与周边框架结合起来分担荷载，可以提高

预应力框架 - 核心筒，梦露西街 500 号，芝加哥，伊利诺伊州

核心筒墙，城市广场 NBC 大楼，芝加哥，伊利诺伊州

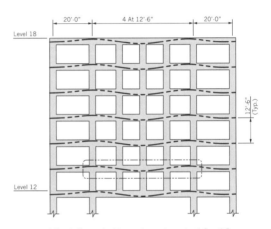

West Facade Transfer · Levels 12 · 18

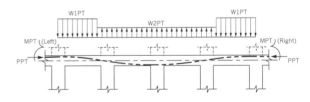

Effects of Post · Tensioning Only

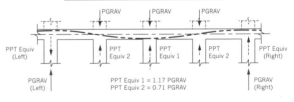

Load Balancing of Applied Gravity Loads

典型后张预应力框架详图，梦露西街 500 号，芝加哥，伊利诺伊州

侧向刚度。通常在建筑物底部核心筒贡献更大，而到了建筑顶部框架能够抑制核心筒墙体的悬臂变形，将核心筒向回拉。还可以利用框架中的重力荷载来平衡上拔力，从而进一步提高框架结构的效率。芝加哥梦露西街 500 号大楼周边框架采用了预应力混凝土结构来重新分布轴力，柱距增大的同时也提高了结构效率。

9.3　密柱结构

　　法兹勒·汗博士很清楚，高层建筑使用实体墙作为外筒时，即使墙很薄也会有诸多限制，例如必须设置门窗洞口。但是他发现如果能够合理控制开洞位置和墙洞比例，依然可以保持结构体系的效率。他将这种理念付诸实践，通过使用密柱和梁形成正交网格，创造出了可建性、经济性都很好的筒体结构体系。框架筒采用斜撑构件，可进一步提高效率。这种结构形式既可以采用全钢结构，也可以采用全混凝土材料。

混凝土筒中筒结构，切斯纳特 – 德威特大厦（Chestnut-Dewitt Tower），芝加哥，伊利诺伊州

混凝土支撑筒体框架，奥特里中心（Onterie Center），芝加哥，伊利诺伊州

位于南京的金奥国际中心原本想仅使用本地混凝土材料和当地工人来降低建造成本，但那就会是一个中规中矩的筒中筒结构。通过在立面上布置斜撑构件，下部每四层、上部每五层与主体框架相连，最终可以使抗侧力体系的钢筋和混凝土用量降低 45%，总材料成本降低 20%。

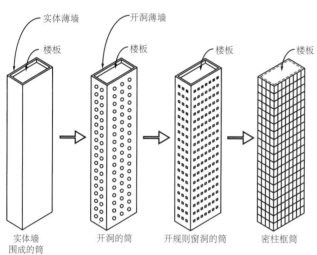

法兹勒·汗博士筒体结构理念

密柱结构，金奥国际中心，中国南京

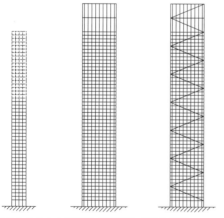

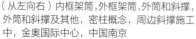

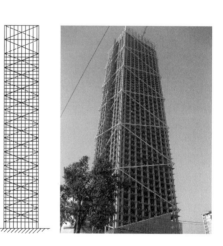

（从左向右）内框架筒，外框架筒，外筒和斜撑，外筒和斜撑及其他，密柱概念，周边斜撑施工中，金奥国际中心，中国南京

9.4　自然生长方式

巨型框架的理念来源于纽约市 137 层的哥伦布中心（Columbus Center）最初的设计构想，其斜撑框架环绕成三角形式以"迷惑"风荷载。后来 SOM 在设计北京国贸中心竞赛方案时，尝试使用竹子作为建筑的形式，也因此发现了竹结构的生长特征，并将此借鉴到超高层结构的设计理念中去。竹子的自然构造体现了结构力学特征，细长的竹竿在生长过程中为竹叶提供支撑，成熟之后还能为人造结构提供强有力的、可靠的支撑。即便是海啸来临，竹子也能够高效率、有效地抵抗侧向力，充分展现了其优越的自然结构特性和几何比例。分布在竹竿上的竹节可以看作一道道环箍，它在高度上的分布并不是等距的，底部更密，中间高度变疏，到顶部又变密。这些竹节的位置并不是随机的，可以通过数学方式预测。它们的分布能够防止竹竿薄壁在重力和侧向力作用下发生屈曲。这种生长方式在所有竹类中都能看到。同样，竹竿的壁厚和直径也可以进行数学解析，它们的比例关系也是为了防止竹竿发生屈曲。

生长样式 - 卷心菜

哥伦布中心和旁边的纽约展览馆（NY Coliseum），概念模型，纽约市

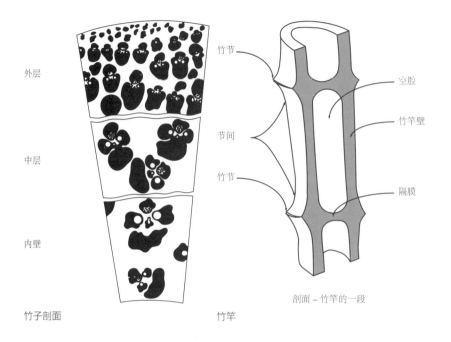

外层

中层

内壁

竹子剖面

竹节

节间

竹节

竹竿

空腔

竹竿壁

隔膜

剖面 – 竹竿的一段

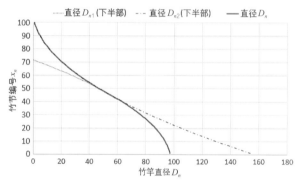

竹节直径和高度的关系

竹子细部照片

　　竹子由竹竿或者竹茎构成，其中包括竹节和节间。竹节标志着横隔膜的位置，提供了新的生长位置。竹竿直径在竹节处会有细微变化。竹节之间是中空的节间段，由竹竿壁包裹形成一个内部腔体。柱子的纤维都集中离竹竿中性轴最远的位置，这样就能够形成最大的抗弯能力，同时也使重力荷载只分布在外表皮，帮助平衡侧向力作用下的上拔力，并减小自身重量。竹竿壁的细胞结构显示竹竿壁外侧的细胞密度更高，内侧的细胞密度较低，这也显示了抵抗弯曲荷载时材料效率的最大化。

竹子的几何特征应用到了国贸中心竞赛方案的结构体系中。塔楼沿高度分成了八段。侧向荷载产生的结构内力在竹竿（或塔楼）底部最大，所以节间高度在底部比中部小，更小的节间高度提高了结构体系的抗弯承载力和屈曲承载力。在竹竿（或塔楼）中间高度以上，节点间距离与楼层平面尺寸成比例同时变小。因此，竹竿（塔楼）的几何形式与侧向荷载产生的结构内力是对应的。Janssen（1991）曾经研究过许多竹类的节间高度、竹竿直径与竹竿壁厚之间的几何关系，具体可参见公式（1）~（4），列出的参数是所研究的多个竹子品种的平均值。

竹节编号

$$x_n = n \times \frac{100}{N} \ (n=1, \ 2, \ 3 \cdots N) \tag{1}$$

节间高度

$$y_{n1} = 25.13 + 4.8080x_n - 0.0774x_n^2 \ （中间高度以下） \tag{2a}$$

$$y_{n2} = 178.84 - 2.3927x_n + 0.0068x_n^2 \ （中间高度以上） \tag{2b}$$

竹竿直径

$$d_{n1} = 97.5 - 0.212x_n - 0.016x_n^2 \ （中间高度以下） \tag{3a}$$

$$d_{n2} = 157.6 - 2.868x_n + 0.013x_n^2 \ （中间高度以上） \tag{3b}$$

竹竿壁厚

$$t = 35 + 0.0181|x_n - 35|^{1.9} \tag{4}$$

这里 x_n 是竹节编号，即高度的百分比，n 取值从 1 到 N；N 是与体型相关的参数，建筑设计团队根据楼层数取 80；y_n 是节间高度；d_n 是竹竿直径；t 是竹竿壁厚。对于节间高度和竹竿直径，在略低于中间高度位置分别从 y_{n1} 过渡到 y_{n2}、从 d_{n1} 过渡为 d_{n2}。在下部与上部它们与竹节编号呈不同的非线性关系，因此采用了两个多项式方程。

塔楼内部和周边结构体系都与竹子存在相似关系。周边结构体系的巨型斜撑高度符合公式（2）中的节间高度，模仿了竹竿壁的纤维。内部结构体系也借鉴了竹子的几何特征。伸臂桁架可以看作竹节横隔

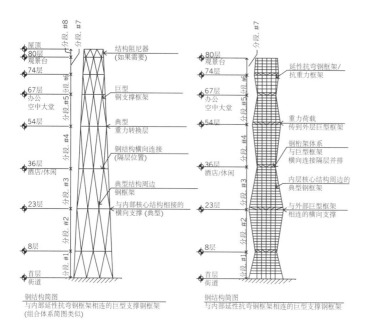

图 A
立面图
外部结构框架
无比例尺

图 B
立面图
内部结构框架
无比例尺

源自竹子的设计理念 – 结构体系立面图

图 A 标注（从上到下）：
- 屋顶
- 80层
- 观景台
- 74层
- 67层 办公 空中大堂
- 54层
- 36层 酒店/休闲
- 23层
- 8层
- 首层 街道

- 结构阻尼器（如果需要）
- 巨型钢支撑框架
- 典型重力转换层
- 钢结构横向连接（隔层位置）
- 典型结构周边钢框架
- 与内部核心结构相接的横向支撑（典型）

钢结构简图
与内部延性抗弯钢框架相连的巨型支撑钢框架
（组合体系简图类似）

图 B 标注（从上到下）：
- 80层
- 观景台
- 74层
- 67层 办公 空中大堂
- 54层
- 36层 酒店/休闲
- 23层
- 8层
- 首层 街道

- 延性抗弯钢框架/抗重力框架
- 重力荷载传到外层巨型框架
- 钢桁架体系与巨型框架横向连接隔层并排
- 内层核心结构周边的典型钢框架
- 与外部巨型框架相连的横向支撑

钢结构简图
与内部延性抗弯钢框架相连的巨型支撑钢框架

国贸中心设计竞赛，中国北京

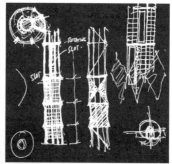

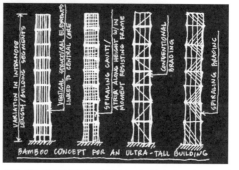

源自竹子的设计理念—国贸中心设计竞赛，中国北京

膜，因为伸臂桁架连接周边结构体系的方式与竹节横隔膜相似。竹节间高度在塔楼中部最大，在底部和顶部较小。伸臂桁架层的楼面大小随着楼层高度变化，与公式（3）的定义相对应。最后，构件尺寸大小与公式（4）中竹竿壁厚的变化规律一致。

确定竹节位置、竹竿直径和壁厚的方程都是基于二次多项式。假如将竹竿直径与高度的关系（节间高度、壁厚的关系也类似）绘制出来，就会发现它与侧向均布荷载作用下悬臂梁的弯矩图有些类似。这说明竹子和其他悬臂结构在力学概念上是殊途同归的。

9.5 伸臂结构

将中央核心筒与周边巨柱或者框架相连以提高结构侧向刚度，是高层建筑很好的结构解决方案。结构仅在个别楼层影响空间，建筑空间的使用可以最大化。伸臂桁架或者伸臂墙的作用类似于支撑核心

金茂大厦，中国上海

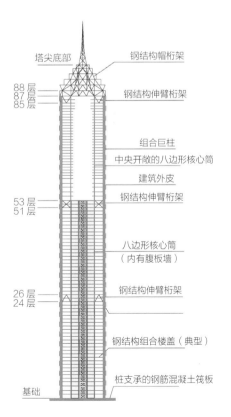

塔尖底部 —— 钢结构帽桁架

88层
87层 —— 钢结构伸臂桁架
85层

组合巨柱
中央开敞的八边形核心筒
建筑外皮

53层 —— 钢结构伸臂桁架
51层

八边形核心筒
（内有腹板墙）

26层 —— 钢结构伸臂桁架
24层

钢结构组合楼盖（典型）

基础 —— 桩支承的钢筋混凝土筏板

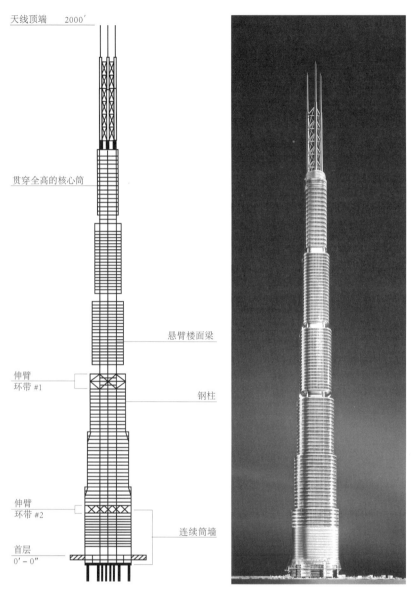

天线顶端　2000′

贯穿全高的核心筒

悬臂楼面梁

伸臂
环带 #1

钢柱

伸臂
环带 #2

连续筒墙

首层
0′- 0″

结构体系示意图，效果图，迪尔伯恩南街
7号（7 South Dearborn），芝加哥，伊
利诺伊州

筒的杠杆。核心筒可以看作细长的桅杆，通过杠杆与周边巨柱相连来
保持稳定。杠杆沿着塔楼高度在两个位置或者三个位置布置。伸臂
桁架或者伸臂墙通常布置在设备层。这种结构体系可以实现365m
（1200ft）和更高的建筑。

9.6 扶壁核心筒

828m（2716ft）高的哈利法塔目前是世界最高楼。这栋建筑的独特之处不仅在于它的高度，还因为这样的高度基本上是靠混凝土材料建造实现的。塔楼设计理念来源于沙漠之花，平面呈三脚架形状并沿高度往上逐步收进，采用一个强壮的核心筒支撑建筑的三个翼。结构具有内在的稳定性，因为核心筒支撑三个翼，同时任意一翼都以另外两翼作为扶壁。居中的核心筒用于抗扭，三个翼用来抗剪及抗弯，因为它们增大了平面惯性矩。

沙漠之花－哈利法塔设计创意之源

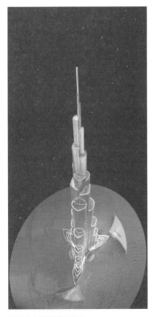

哈利法塔建筑模型

哈利法塔，阿联酋迪拜

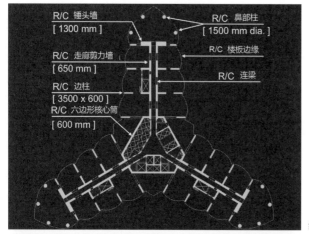

R/C 锤头墙
[1300 mm]

R/C 鼻部柱
[1500 mm dia.]

R/C 走廊剪力墙
[650 mm]

R/C 楼板边缘

R/C 连梁

R/C 边柱
[3500 x 600]

R/C 六边形核心筒
[600 mm]

结构平面图

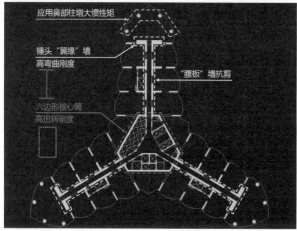

应用鼻部柱增大惯性矩

锤头"翼缘"墙
高弯曲刚度

"腹板"墙抗剪

六边形核心筒
高扭转刚度

抗侧力体系说明

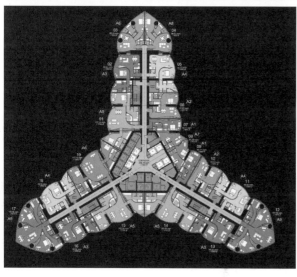

建筑平面图

174

9.7　理想筒体

法兹勒·汗博士研究发现束筒结构体系能够降低剪力滞后。剪力滞后是指筒体结构在侧向荷载作用下竖向构件轴力无法完全按平截面假定理想地分布。将多个筒体连在一起共同工作，不仅可以降低剪力滞后，而且能够提高结构效率。这里结构效率可用柱子因轴力产生的变形与总变形（轴力、弯矩和剪力共同产生）之比来评价。法兹勒·汗博士致力于寻找理想筒体的实现方式，并成功地利用束筒将西尔斯大厦筒体结构效率从 61% 提升至 78%。

南京金陵酒店的设计理念是在塔楼周边采用密集的斜交网格结构来消除竖向构件的局部剪切和弯曲变形，进而产生几乎 100% 的结构效率。这样一种结构形式可以作为很好的探索方向，引领我们追寻超高层建筑的高度极限。

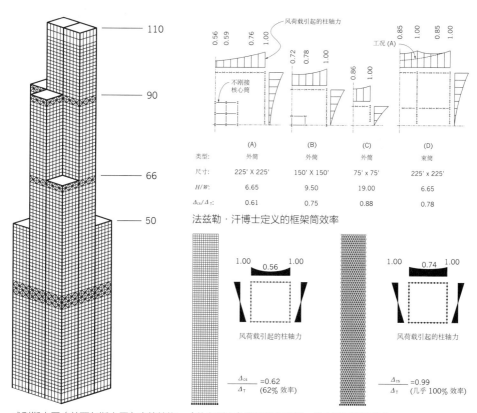

法兹勒·汗博士定义的框架筒效率

威利斯大厦（前西尔斯大厦）束筒结构　（从左到右）常规的框架筒，斜交密网框架筒体

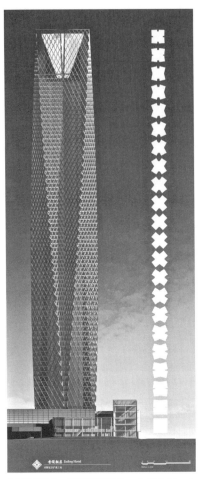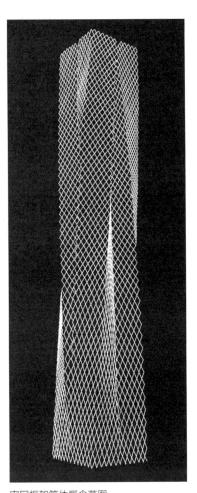

"理想筒体"，密网框架筒体，金陵大厦，中国南京

密网框架筒体概念草图

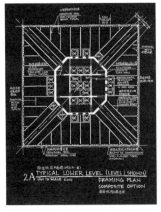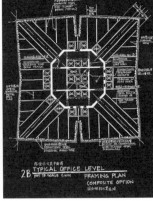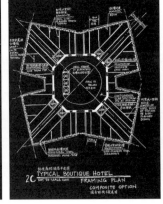

结构平面图，金陵大厦，中国南京

9.8　对数螺旋线

人们在贝壳、种子、蜘蛛网、飓风和星空等自然物体中都发现了一种很奇妙的对数螺旋线。这种形式也可以应用到超高层塔楼当中去，用科学方法模仿力的自然流动方式，将悬臂结构的荷载传递到底部基础。

旧金山海湾大楼（Transbay Transit Tower）设计竞赛的结构方案创意受到了自然界的启发。这种基于数学方式推导出来的形体在结构上安全持久，抗震性能优越，建造成本具有优势。

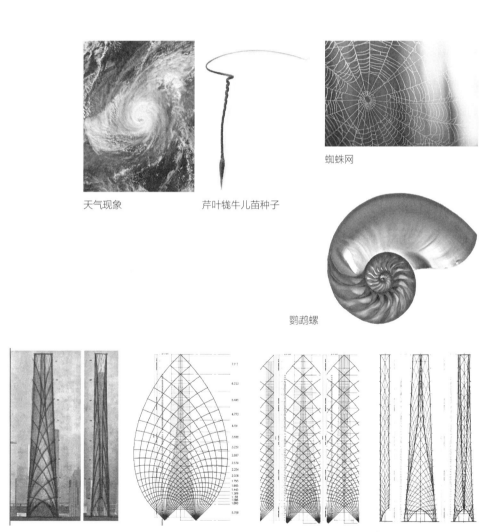

天气现象　　　　芹叶牻牛儿苗种子

蜘蛛网

鹦鹉螺

结构立面采用的米歇尔桁架示意图，海湾大楼设计竞赛，旧金山

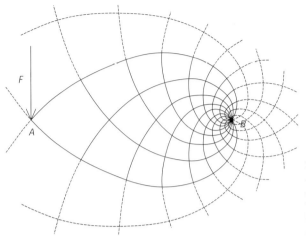

米歇尔桁架示意图，点荷载 F 作用在 A 点，方向垂直于 AB 连线。这个力在 B 点由一个大小相等、方向相反的力和一个力矩 $F \times AB$ 来平衡。最优结构由两条以 B 点为原点并相交于 A 点的等角螺旋，以及与它们正交的螺旋线形成

　　这些自然形式内含的螺旋线都绕着同一个中心点，发散并逐渐远离。工程师安东尼·米歇尔（Anthony Michell）在他 20 世纪早期的研究中发现了这一现象，并描述了这一辐射状的纯悬臂结构，等效主应力的力流线从悬臂端到支座，具有特定的间距和走向。这是最为有效的悬臂体系，材料用量最少。

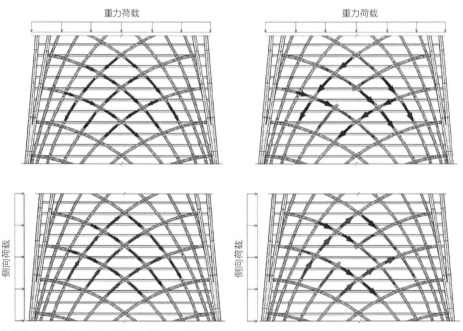

备用荷载传递路径，海湾大楼设计竞赛，旧金山

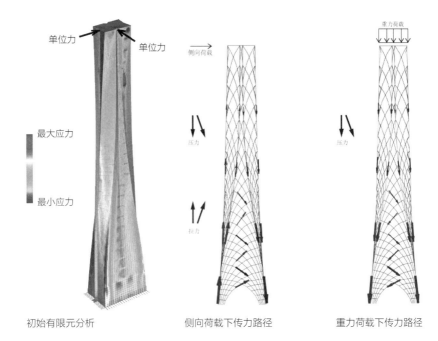

初始有限元分析   侧向荷载下传力路径   重力荷载下传力路径

　　通过对米歇尔桁架进行数学解析，并与塔楼几何形体相对照，最终形成了周边斜撑布置的优化形式。塔楼底部可以设计成相邻车站楼的入口。底部斜撑的布置与开洞有机结合，也有利于竖向荷载和侧向荷载的传递。

　　海湾大楼的外壳似于蜘蛛网，其结构设计具有很好的鲁棒性。这种体系具有自愈能力，在火灾或者其他灾难等极端情况下，如果某一构件发生破坏，荷载仍然能够通过相邻构件往下传递到基础。如果结构的周边受到撞击，外层钢与混凝土组合支撑可以拦截撞击物。

第 10 章

装置

除了保障生命安全的考虑，在强地震区延长建筑物的使用寿命也是至关重要的。采用科学的结构设施和体系，建筑设备、内部设施和经济投资才能够得到保护。基于等效静力方法的设计规范经常带来常规的设计，结构构件和节点延性有限，在强震之后的经济价值是有疑问的。

结构能否设计为在强震时发生动态响应、自由运动并耗散地震能量，本身保持弹性，更好保护人身和财产安全，并实现最高的结构可持续性？结构是否可以直接取法自然，采用自然形态的数学表达形式？是否可以采用传统的建筑材料实现性能优越的结构方案？ 这些解决方案可能会给予我们科学合理的方向，在不显著增加建造成本和施工难度的前提下，延长结构在强地震区的使用寿命。

10.1 不合理的受力性能

1995 年神户地震（又名阪神大地震）促使人们开始关注建筑结构的长期性能和生命周期。当时地震发生时，神户很多结构呈现出不合理的受力性能，许多结构延性很差，在强烈地震动作用下发生倒塌。因为刚度突变和混凝土柱仅在部分高度设置型钢，使得建筑中部和首层发生倒塌的结构很普遍。很多钢筋混凝土结构的竖向钢筋约束不足。正因为这些不合理的受力性能，107000 间房屋受损，其中 56000 间发生倒塌或者损坏严重。300000 平民流离失所，5000 人丧生。总经济损失超过 1000 亿美元（1995 年币值）。

对页图
海湾大楼竞赛效果图，旧金山

建筑中部发生倒塌，日本神户（1995）　　建筑中部柱子破坏，日本神户（1995）

地震破坏的解决之道是在不可预测的地震中增加结构行为的可预测性。地震自身的不可预测性难以改变，但是使结构体系以预期的方式工作是可以实现的。一种解决方式是结合可以准确预计的材料弹性性能、被动耗能装置和结构内在阻尼来耗散地震能量。

10.2　常规梁柱节点试验

20 世纪 80 年代中期曾经做过很多钢结构梁柱节点试验，并得到了很多研究成果。这些在北岭地震之前的研究测试了框架节点，包括上下翼缘全熔透焊接、腹板螺栓连接这种常规形式。这些试验针对这些造价经济的节点，包含了常用的宽翼缘型钢梁、柱截面。

试验比较了三种情况的节点受力性能：柱节点域无加强、翼缘连续板加强和腹板补强板加强。每一组节点在试验过程中需要承受 7 个加载循环，并且转动变形至少达到 2%，以模拟实际框架结构的转动和侧移。转动变形很小时就能观察到梁柱翼缘全熔透焊缝发生应力集中，以及柱腹板发生剪切屈服。随着变形量加大和循环次数增加，材料应力集中逐渐发展成为断裂。通常而言，翼缘焊缝破坏可以发生在焊缝本身，也可能是梁翼缘层状撕裂。翼缘连续板加强后的节点受力性能更好一些，加强板可以保护梁柱节点，但是也观察到梁翼缘过早出现开裂。柱腹板补强板可以保护柱腹板，但并不能减小应力集中，最终仍会出现翼缘焊缝开裂。同时这些补强板也严重限制了节点的转动能力。有几组试验将出现裂纹的翼缘焊缝切除，进行补焊、焊缝检

梁柱节点试验，里海大学，宾夕法尼亚州伯利恒市

焊缝开裂　　　　　　　　　节点区高应力集中　柱翼缘板高应力集中

测后继续加载，有些节点实现了所需的整体转动和侧移要求。所有情况下，连接基本能保持完整性。梁柱能够通过腹板螺栓连接和开裂后剩余的熔透焊缝保持其连接。

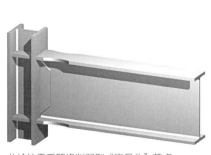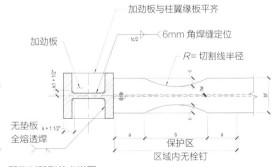

北岭地震后翼缘削弱型"狗骨头"节点　　　翼缘削弱型节点详图

1994 年南加州发生的北岭地震验证了 20 世纪 80 年代中期的试验结果。抗弯钢框架在地震作用下发生翼缘焊缝破坏，但总体来说能够保持节点完整性。也就说生命安全是能够保障的，但是产生的经济损失是巨大的。结构工程师对这些节点以后的工作性能表示担忧。节点加固过程十分困难，因为穿过建筑装饰层的操作很不方便，而业主不希望中断房屋的使用。

截面削弱型狗骨头节点慢慢发展成为了一种很经济的梁柱节点形式，保护柱子的同时也保证了延性。

10.3 木榫和钢销

位于智利海岸的奇洛埃岛上、建于 20 世纪早期的耶稣会教堂曾遭受强烈地震考验，至今仍然具有良好的使用性能。1960 年智利大地震可能是迄今为止记录到最强的地震，其震级达到 9.5 级，教堂建筑依旧没有发生很大的损坏。地震亲历者曾描述当时空旷区域地面隆起高达 6ft，路灯和电话线杆随着地面晃动大幅度摇摆，变形几近与地面平行。

这些教堂建筑有一个共同的结构特点，采用当地智利柏树制作而成的木榫连接木结构构件，避免了金属紧固件的刚性节点。木榫被钉到木构件孔中然后拧紧，所以在日常使用情况下近似刚接，而在极端

木榫

采用木榫节点的智利教堂建筑

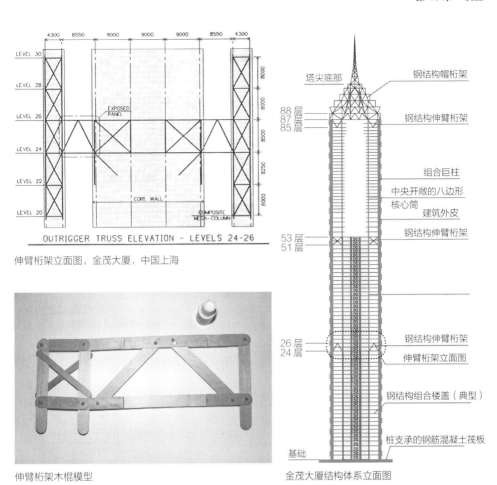

伸臂桁架立面图，金茂大厦，中国上海

伸臂桁架木棍模型

金茂大厦结构体系立面图

金茂大厦伸臂桁架施工
照片，中国上海

地震作用下又能够转动。节点转动时结构变柔并耗散能量。结构变柔也使周期变长，因此地面震动带来的地震力也变小。

　　位于上海的金茂大厦在关键结构构件设计时采用大直径钢销轴，达到了非常好的效果。这栋 421m 高 88 层的塔楼采用伸臂桁架结构体系，将中央核心筒与周边八个组合巨柱连接起来。每道伸臂桁架两层高，在塔楼三个高度布置，分别是 24~26 层、51~53 层和 85~87 层。由于弹性变形和收缩徐变的影响，核心筒和组合巨柱之间有明显的相对变形差。假如伸臂桁架设计时不特别考虑这些行为，那么构件中的内力会非常大，使得构件超载而屈服甚至破坏，或者导致截面尺寸过大。假如在伸臂桁架安装时就将其完全连接，那么核心筒与组合巨柱之间的全部变形差会有 45mm，而其中第 120 天以后的变形差只有 16mm。通过使用钢销轴连接让构件自由转动、推迟 120 天安装全部螺栓，设计只需要考虑螺栓连接完成后的 16mm 相对变形差。桁架结构中采用了大直径钢销轴节点来调整构件和连接中的内力，减少了结构材料用量。基于力学基本概念，这些销轴使伸臂桁架在最终连接之前成为自由转动的机构。桁架可以按照正常的钢结构施工次序进行安装，等大部分变形释放后再用螺栓进行完全连接。桁架包含斜撑构件，因此斜撑端部采用长槽孔来释放变形。这些长槽孔是允许体系自由变形的关键部件。

雪糕棍模型
伸臂桁架体系的相对运动

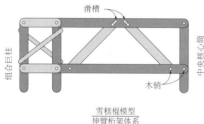

雪糕棍模型
伸臂桁架体系

伸臂桁架滑动销轴，金茂大厦施工照片

伸臂桁架体系，冰糕棒模型，金茂大厦，中国上海

可以使用压舌板、木椎和冰糕棒做一个简单模型来研究这种变形机制。这个概念模型是结构解决方案的基础,通过考虑建筑材料和分析,最终形成了施工图纸。

10.4　销轴节点

基于力学基本概念,金茂大厦销轴桁架的使用促进了一系列在强震下具有可预测行为的结构体系的发展。这些体系适用于各种高度和形状的建筑和其他结构,在地震作用下具有优良的性能,能够保持弹性并且耗散地震能量,从而保护生命财产安全。

钢构件端部节点使用销轴或螺栓进行连接,通过准确标定的扭矩扳手进行安装,将销轴杆或螺杆的拉力变成节点板间的压力。节点板接触面采用低摩擦材料进行处理,比如黄铜、青铜、铸铁、铝或硬质复合材料。这类材料的摩擦系数明确,荷载超过摩擦力后允许节点板间有充分的变形,销轴杆或螺杆拉力没有明显的损失。这种材料组合

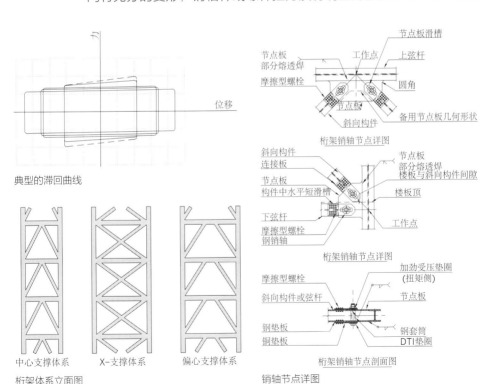

典型的滞回曲线

中心支撑体系　　X-支撑体系　　偏心支撑体系

桁架体系立面图

桁架销轴节点详图

桁架销轴节点详图

桁架销轴节点剖面图

销轴节点详图

不仅荷载位移关系明确，同时循环加载性能也很优良。钢材轧制表面可喷砂或清除轧钢鳞片以减少磨损或粘结。对黄铜和钢材组合的节点进行加载，得到的荷载位移滞回曲线表明其受力性能十分稳定。

用于支撑框架构件端部节点的销轴，在正常使用情况下可作为刚接节点，地震极端情况下可以允许滑动变形。

桁架的水平构件和连接板都采用圆形连接孔。斜杆构件采用圆孔，连接板采用长槽孔。长槽孔方向沿着受力方向。长槽孔长度取决于地震作用下结构动力性能和预计的变形量。节点板和构件的接触面应进行表面处理。钢板表面之间的衬垫材料可以采用垫片或垫板形式，也可以直接复合在钢板表面，在构件运输和安装过程中应严格保护。开圆孔和长槽孔的节点都应该进行表面处理。斜杆开长槽孔的节点板采用摩擦滑动型节点，通过施加扭矩安装销轴。销轴尺寸和施加的扭矩值直接取决于节点板与衬垫层的摩擦系数，以及设定的节点滑动力大小。使用特制的贝勒维尔（Belleville）垫圈有助于销轴在槽孔节点滑动后保持螺栓拉力。此外，销轴帽（非施加扭矩端）下方设置直接拉力指示器（DTI）能保证销轴或螺栓拉力适当。构件的设计应保证其至少能承受节点发生滑动的内力，构件需要保持弹性，不允许发生屈服、局部失稳或整体失稳。

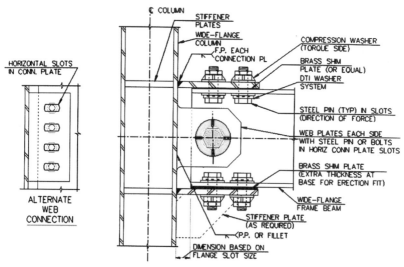

抗弯框架梁柱节点详图

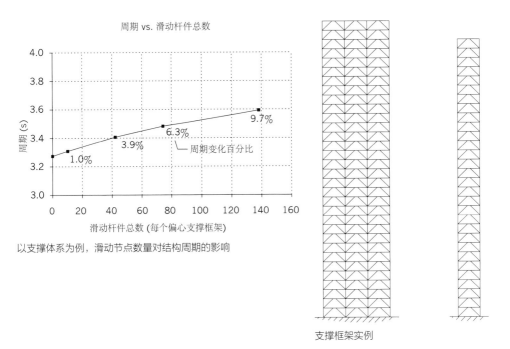

周期 vs. 滑动杆件总数

以支撑体系为例，滑动节点数量对结构周期的影响

支撑框架实例

采用销轴节点的抗弯框架体系同样可以改善结构性能，框架梁上下翼缘可采用长槽孔销轴相连。长槽孔的长度根据梁端预计转角和层间变形确定。腹板可以通过单个销轴和圆孔进行连接，以获得最佳的转动能力。

支撑体系或抗弯框架体系采用这样的节点都会延长结构周期。周期变长后，结构更柔，地震作用下结构的内力更小。

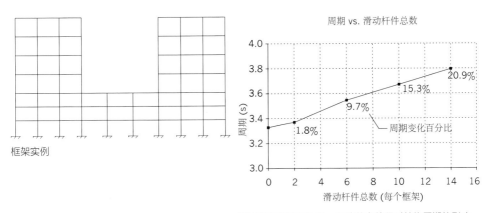

框架实例

周期 vs. 滑动杆件总数

以抗弯框架体系为例，滑动节点数量对结构周期的影响

10.5　销轴保险丝节点®（PIN-FUSE JOINT®）

假如结构能够在不发生塑性变形的前提下调整自身特性，以抵抗极端荷载情况下的破坏性外力，它的使用寿命也将大为增长。

以前的抗弯框架结构梁柱节点多采用框架梁翼缘垂直焊接于框架柱的形式，这种框架结构可能会退出历史舞台。当建筑框架发生晃动时，通常与柱表面连接的梁会发生转动。框架梁的设计需要保证柱的整体性，避免框架变形时柱子出现塑性变形而倒塌。这种变形降低了震后的整体性，经济性差，因此需要提出一种新的思路。

正确的理念是结构应该在地震中动态响应，而不是静态适应。销轴保险丝节点®在大震来临前保证建筑框架节点处于刚接状态。通过高强度螺栓、黄铜或非金属垫片以及弧形钢板之间的摩擦力实现刚接。

销轴保险丝节点®允许结构在地震作用下发生变形，强烈地震后又能保持弹性状态。这种节点的钢梁端部采用圆柱面连接板与钢框架

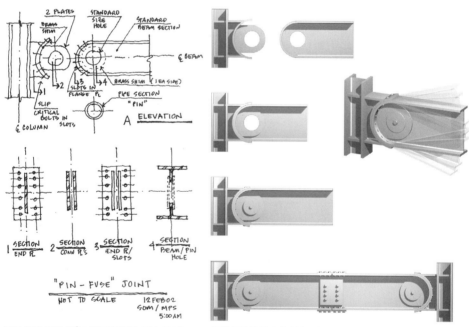

销轴保险丝节点®（美国专利号 6681538 B1 & 7000304）

销轴保险丝节点®（美国专利号 6681538 B1 & 7000304）

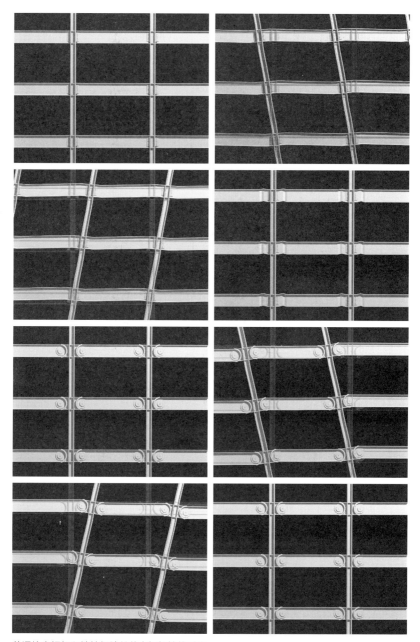

普通抗弯框架和销轴保险丝节点框架性能对比

柱或组合柱连接，形成抗弯框架。圆柱面连接板采用摩擦型螺栓连接。框架梁中心设置钢销轴或者钢管提供转动能力。正常使用情况下，包括风荷载和中等地震作用时，节点内力不会超过弧形板间的摩擦力，节点保持刚接。而在极端状况来临时，摩擦型螺栓在圆柱面连接板的长槽孔内滑动，节点绕销轴转动。通过滑动，实现了节点转动并耗散地震能量，起到了"保险丝"的作用。

大震作用下销轴保险丝节点的转动只会发生在框架的指定位置。滑动出现时，框架会变柔。结构的动力性能会随着周期变长而发生改变，吸引的地震力会变小。由于结构不发生塑性变形，弹性框架在地震后很容易回到地震前自然对中的位置。圆柱面连接板中间的黄铜或非金属垫片有明确的摩擦系数，能够准确预测滑动的出现，同时螺栓保持拉力，待地震结束后将螺栓紧固力校准，框架节点又能完全回到震前的刚接状态。

10.6 适应地震大位移

结构中利用销轴机制不仅局限于框架节点，大型结构构件同样可以借鉴这种理念来提高结构抗强震性能，增加结构使用寿命。

位于北京的新保利大厦安装了摇摆索支座，允许强震来临时自由变形。这个节点支承着世界上最大的索网玻璃幕墙，并将一个展示重要文物的博物馆悬挂在半空。这个 90m 高 60m 宽的索网，设计初衷是采用最小的结构构件为幕墙提供支承。不锈钢拉索中心间距为 1.5m，竖索直径 26mm，横索直径 34mm。引入了 V 形斜拉索概念减小索网的跨度以及风荷载作用下的位移。斜拉索直径为 200mm，为索网提供侧向支撑的同时，还悬挂着下方的博物馆。建筑物受到强烈地面运动时，大直径主索起到巨型斜撑的作用。建筑物顶部与中部的相对变形达 900mm，这样大的相对位移量在钢索和节点产生的力是无法承受的。如果侧向变形时主索的力可以释放，则索和节点的设计就只需要考虑风荷载和重力荷载。在博物馆上方设置一个滑轮可以起到这样的作用，但是适合主索的滑轮需要 6m 直径，建筑效果难以接受，需要考虑其他方案。

在博物馆顶部设置了能够在两个主方向活动的摇摆索支座，由销轴和铸钢件组成的反向滑轮装置可以承受外荷载，在大震作用下依然保持弹性。

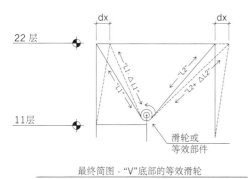

滑轮方案，新保利大厦，中国北京

新保利大厦，中国北京

摇摆索支座，新保利大厦，中国北京

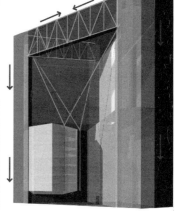

工作原理模型，摇摆索支座位于博物馆上方，新保利大厦，中国北京　力流，新保利大厦，中国北京

10.7　装置与自然形式的结合

　　将装置与自然形式相结合可以实现最低材料用量和最佳生命周期。结构可以采用双重体系：其中一个体系控制侧向位移；另外一个体系提供保险丝机制，保护结构在大震下处于弹性状态，这就是海湾大楼

海湾大楼竞赛方案效果图

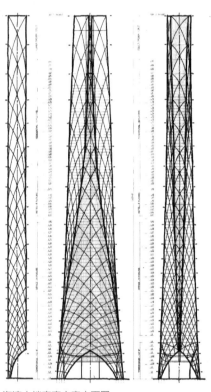

海湾大楼竞赛方案立面图

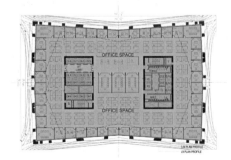

海湾大楼竞赛方案楼层平面图

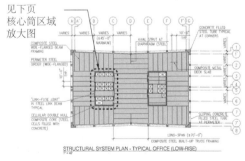

海湾大楼竞赛方案结构平面图

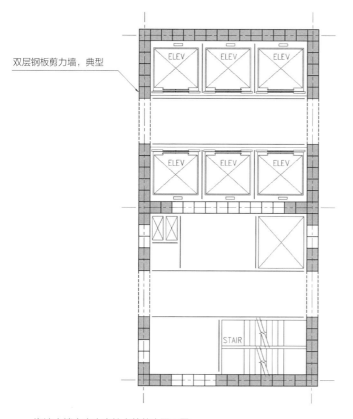

双层钢板剪力墙，典型

海湾大楼竞赛方案核心筒放大平面图

连梁保险丝节点™（Link-Fuse Joint™）（美国专利号 7647734，静止状态）

连梁保险丝节点™（美国专利号 7647734，变形状态）

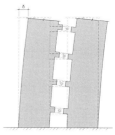

海湾大楼竞赛方案的连梁保险丝装置

的设计理念。

　　塔楼核心筒的设计需要确保紧急状况下安全疏散通道畅通，以保障居民的安全。海湾大楼核心筒借鉴了海洋工程模块化建造的理念并进行了加强。双层钢板墙体由钢板壳内填混凝土构成，为电梯、楼梯以及主要的机电设备安全提供了坚固防护，同时也提供了最佳的防火性能。

　　海湾大楼设计为能够承担最极端的地震作用，并与重要的车站设施一起保持运行。因此塔楼创新性地设置了可滑动的地震保险丝装置。这种连梁保险丝节点布置在核心筒门洞位置，允许建筑核心筒耗散能量，从而保护其他结构构件免遭损坏。地震衰减、建筑停止晃动后，保险丝节点保持原有承载力，建筑能够迅速恢复正常使用。

　　钢筋混凝土剪力墙（或钢框架）设置的连梁保险丝节点™，允许

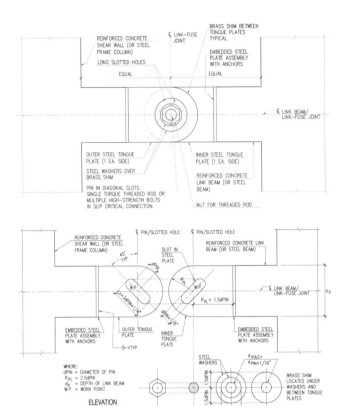

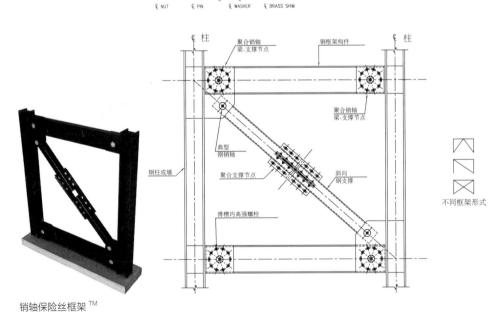

销轴保险丝框架™
（Pin-Fuse Frame™）
（美国专利号 7712266）

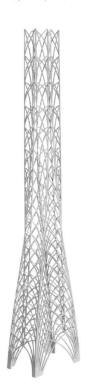

海湾大楼设计竞赛，旧金山，加利福尼亚州

在门洞或者设备管道开洞上方的连梁在大震来临时"熔断"。节点的蝴蝶形长槽孔钢板被夹紧，使得连接板间产生摩擦力。节点板间的黄铜垫片提供了明确且稳定的摩擦系数。当连梁的作用力特别大时，节点可以在竖向或水平方向滑动、耗散能量，并使得整个结构变柔、周期变长、吸引的地震力变小。房屋停止晃动后，节点变形停止，房屋和节点回到自然静止位置，并且没有塑性变形。用于夹紧钢板的螺栓拉力在地震中不会丧失，节点的静摩擦力恢复后，结构恢复了承载力。结构安全，不产生经济损失，并保持正常使用。相比之下，常规的钢筋混凝土会损坏严重，需要进行修复或者更换，整体结构也可能无法再继续使用。

　　钢支撑框架结构（或混凝土剪力墙之间）采用的销轴保险丝框架™允许支撑在强震下滑动或"熔断"。长槽孔内的高强螺栓将钢板与它们之间的黄铜或者非金属垫片夹紧。钢板间的黄铜或垫片受到荷载开始滑动的临界力能够准确计算。当结构遭受极端状况时，采用圆柱面螺栓组的抗弯框架提供额外的抗力。如果节点受到过大的弯矩，节点发生滑动，并绕中心销轴转动。支撑与水平抗弯构件共同作用，为结构提供"保险丝"，可以耗散能量、使结构变柔、周期变长、吸引的地震力变小。地震结束后，节点承载力全部恢复，而且没有塑性变形。螺栓中夹紧节点板的拉力在地震中不会消失，因此节点的静摩擦力恢复，结构承载力恢复。常规的钢支撑框架虽然在强震作用下也具备足够承载力，但是在往复循环荷载下容易过早屈曲，他们的整体性是有问题的。很多情况下的破坏可能无法修复。

海湾大楼的外框结构经过拓扑优化，与"熔断"核心筒相结合，形成的结构体系可能会成就全球最有效的高层建筑，它降低了材料用量，实现了真正可持续的结构，即使遭受最严重的自然/非自然灾害，结构不但能够幸存，而且能够继续正常使用。

海湾大楼设计竞赛，大楼底部，旧金山，加利福尼亚州

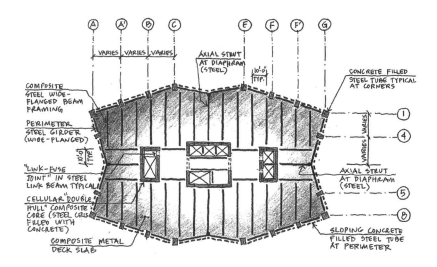

STRUCTURAL SYSTEM PLAN - TYPICAL RESIDENTIAL

海湾大楼设计竞赛，办公楼层结构平面图，旧金山，加利福尼亚州

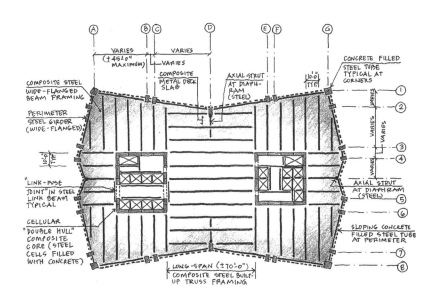

STRUCTURAL SYSTEM PLAN - TYPICAL OFFICE (HIGH-RISE)

海湾大楼设计竞赛，住宅楼层结构平面图，旧金山，加利福尼亚州

第 11 章
性能

与通常认知不同的是，性能化设计并不一定得到性能更佳的结构。这种设计方法专门用来研究高层建筑的抗震性能，包括自振周期长的结构、高阶振型质量参与和侧向荷载响应明显的结构、高宽比很大的结构。性能化设计有助于更好地理解结构的受力行为，但是不一定实现更优的结构性能，除非采用更高的性能目标（规范规定了最低的性能目标），具体包括地震输入、结构构件和体系的性能目标。此外，规

效果图（核心筒单重抗侧力体系），佛森街 500 号，旧金山，加利福尼亚州

对页图
数字模型，旧金山市

201

范制定的主要目标是保证民众的生命安全。许多人误解为满足规范设计要求的结构就是抗震的，事实上即使设计是保证生命安全的，地震来临时它们也可能会有明显损伤，有时甚至是难以修复的。

性能化设计的理念最初是为不完全符合规范要求的结构而发展的，采用非规范设计方法来验证结构与规范要求具有等效性。这些结构通常都可以满足规范的一般要求，但是采用的抗震体系的高度超过了规范规定的限值，或规范对该抗震体系没有明确规定。例如，根据规范要求，位于强震区的超过 49m（160ft）的混凝土结构需要使用剪力墙核心筒和抗弯框架组成的双重结构体系。但是由于建造成本的增加、施工时间的增加以及影响建筑效果，许多这样的楼都采用了性能化设计方法来证明结构即使没有周边抗弯框架仍然可以达到规范要求的结构性能。

11.1 性能目标

采用非规范的性能化分析和设计时，主要有两种性能目标。第一个是与规范相当的最低性能目标，第二个是更高的性能目标，即结构体系和构件需要满足超过规范要求的设计标准。

11.1.1 最低性能目标

11.1.1.1 最大考虑地震（MCE）

结构必须保证其在最大考虑地震下的倒塌概率很低（约 10%），不丧失竖向承载能力，重要的抗侧力构件不因塑性应变过大而发生明显的强度退化，不发生过大的永久侧向变形，不发生结构整体失稳，并且结构构件应具备与抗震结构体系预期变形相匹配的延性。最大考虑地震在 50 年内的超越概率为 2%，重现期为 2475 年。

11.1.1.2 设防地震（DE）

结构必须能够承受设防地震，又称设计基准地震（DBE），而不发生严重危及生命安全的破坏，同时非结构构件和体系不脱落，楼层侧移不至于引起过大的危害。设防地震的强度相当于最大考虑地震的 2/3，50 年内的超越概率为 10%，重现期为 475 年。

11.1.1.3 频遇地震或正常使用水平地震

结构必须能够承受强度更低的频遇地震且损伤很小。结构构件在频遇地震下应该基本保持弹性状态。频遇地震 30 年内的超越概率为 50%，重现期为 43 年。

11.1.2 增强性能目标

条件允许的情况下，应鼓励结构设计按照比规范生命安全更高的标准进行。以下是增强性能目标的案例。

11.1.2.1 超越概率

在进行地震输入时，可以选择比频遇地震和最大考虑地震超越概率更低的地震波。地震动强度会更高，结构设计基于的地震力更大。

施工中（核心筒单重抗侧力体系），密逊街 350 号，旧金山

11.1.2.2 侧移和残余变形

采用更加严格的侧向变形限值或者要求延性构件在循环荷载下的累积应变更小，这些方式都可以提高性能。限制结构残余变形，地震后修复起来也更容易（大多数的主要结构构件应保持弹性）。

11.1.2.3 非结构构件

非结构构件和体系可以按照更高的地面运动加速度进行设计，或者按高于规范要求的楼层变形进行设计。

11.1.2.4 容损构件或地震反应调整装置

采用容损构件能够提高结构性能，例如销轴保险丝抗震系统能够在强烈地震作用下保持弹性。其他容损构件包括能够承受往复塑性变形或者限制永久变形的装置。地震反应调整装置也可以用来提高结构性能和减小损伤，其中包括隔震系统、黏滞阻尼器等耗能装置、被动和主动控制系统。

11.2 设计方法

性能化设计方法有别于规范设计方法，因此得到项目审核官员的认可是十分重要的。一旦认可之后，可参考以下流程进行设计：

1. 性能目标 – 选择最低性能目标或者增强性能目标。
2. 地震作用 – 必须考虑两水准地面运动。频遇地震采用重现期为 43 年、2.5% 阻尼比反应谱，最大考虑地震采用重现期为 2475 年、5% 阻尼比反应谱。
3. 概念设计 – 选择结构体系和材料，以及预期能够承受塑性变形的构件。
4. 设计标准 – 包括结构设计和分析方法、性能目标、结构体系、规范和设计指南以及材料选择在内的设计标准，需要提交给官方审核和第三方评审。
5. 初步设计 – 需要进行动力时程分析确认结构能够满足相应的性能目标。进行分析之前，结构体系刚度、强度和地震质量要基本确定，大震下发生塑性应变的构件滞回参数也要确认。应该尽可能做到构件布置简单、传力路径明确、结构体系规则。应该避免结构刚度和质量分布的突变，比如沿建筑高度改变支撑布置的位置、柱转换或者体系偏心。这样做可以降低最终设计的复杂性和不确定性。

6. 频遇地震评估 – 这个阶段需要说明结构能够承受频遇地震作用，并且损伤很小。

7. 最大考虑地震评估 – 这个阶段需要通过动力非线性时程分析验证结构在最大考虑地震下不会发生倒塌。

8. 最终设计 – 由于规范定义的最终设计是基于设防地震，所以构件设计需要考虑包括 2/3 最大考虑地震作用在内的荷载组合，同时也要考虑强度和响应调整系数。

9. 专家评审 – 因为该设计方法没有规范作为参考，并且有时还不能够满足规范的一些要求，需要进行一个独立的第三方专家评审。专家评审组通常会包括资深工程师：一位地震专家、一位工程设计行业专家和一位从事学术研究的专家。

11.3　性能化设计实例

以下是一幢位于旧金山市中心的 30 层办公楼的性能化设计案例。

11.3.1　结构体系

密逊街 350 号是一幢地面以上 117.1m（384 ft，2 in）高的办公楼，有三层地下室，总建筑面积大概是 42293m^2（455000ft^2）。从基础到屋顶都采用钢筋混凝土结构作为主要的结构体系。由于塔楼超过 73m（240ft），核心筒单重抗侧力体系不符合规范所要求的抗弯框架和剪力墙核心筒双重体系。

11.3.1.1　地上结构

地上结构为钢筋混凝土剪力墙核心筒和周边重力柱，楼面系统为双向无梁楼盖。塔楼平面尺寸为 38.1m×39.6m（125ft x 130ft），

效果图，密逊街 350 号，旧金山，加利福尼亚州

接近方形。楼层层高为 4m（13ft，2in）。

11.3.1.2　抗侧力体系

抗侧力体系是钢筋混凝土剪力墙核心筒。核心筒外轮廓为 13.1m×16.0m（43ft×52ft，6in），剪力墙环绕设备空间、客梯和服务电梯、后勤区域布置。核心筒从基础延伸至屋顶。剪力墙厚度从底部 838mm（33in）减小至顶部 610mm（24in），混凝土抗压强度从 55MPa（8000psi）至 41MPa（6000psi）变化。核心筒剪力墙在门口、走道等开洞位置用钢筋混凝土延性连梁连接。

11.3.1.3　竖向体系

竖向楼面系统是 275mm 厚的后张预应力双向楼盖，混凝土抗压

大跨度后张预应力楼盖，密逊街 350 号，旧金山，加利福尼亚州

强度等级 34MPa（5000psi）。周边的竖向重力柱是常规的钢筋混凝土柱，截面大小从 1100mm×1100mm（42in×42in）至 660mm×660mm（26in×26in）变化。柱子混凝土等级从 55MPa（8000psi）至 41MPa（6000psi）。入口大堂处的高柱为截面大小 1100mm×1100mm（42in×42in）的十字形钢 – 混凝土组合截面。

11.3.1.4　地下室

地上结构的竖向构件延伸至基础。剪力墙厚度 840mm（33in），混凝土抗压强度 55MPa（8000psi）。柱子截面大小 900mm×1200mm（36in×48in），混凝土强度等级 55MPa（8000psi）。与地下室外墙相邻的柱按扶壁柱设计。地下室的重力体系采用双向楼盖，混凝土抗压强度等级 34MPa（5000psi）。

11.3.1.5　基础

基础是 3m（10ft）厚的钢筋混凝土筏基。地下室外墙是厚度 400~560mm（16~22in）的现浇混凝土墙。

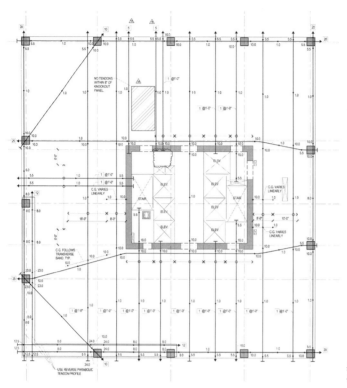

典型结构平面图，密逊街 350
号，旧金山，加利福尼亚州

11.3.2 分析和设计方法

　　塔楼抗侧力体系不符合加州建筑规范（CBC 2010）和美国土木
工程师协会（ASCE 7-05）规定的限高要求。超限导致需要将结构
体系归类为非规范指导抗震体系。该塔楼的设计必须使结构拥有等效
于规范要求的抗震性能，并要求使用旧金山建筑规范管理公告 AB-
083"基于非规范设计方法的新建高层建筑抗震设计规定和指南"进行
抗震设计。AB-083 还要求对项目进行专家评审会，整个审核流程需
要符合公告 AB-082"结构设计评审流程的规定和指南"的要求。公
告 AB-083 对旧金山不满足规范要求的新建高层建筑的抗震设计和建
筑工程规划许可证申请提出了具体规定和设计指南。

　　为了证明结构设计至少可以达到等效于规范要求的抗震性能，公
告 AB-083 规定进行三阶段设计，并且进行独立、客观和专业的专家
评审组审核。

11.3.2.1　阶段一：设防地震性能评估

设防地震性能评估首先应明确不符合旧金山建筑法规的地方，并且确定地震作用下的最低强度和刚度要求。

设防地震性能评估采用的设计参数比如反应修正系数 R、超强系数 Ω_0、冗余系数 ρ 等需满足 CBC2010（ASCE7-05 第 11 章和第 12 章）的要求。根据 ASCE7-05 第 12.5.4 条的规定，核心筒剪力墙形成了双向或多向抗震体系的一部分，因此强度和侧移验算时偏保守地考虑双向地震同时作用。强度验算和侧移验算的基底剪力还需要根据 ASCE7-05 第 12.9.4 条的规定进行调整。参见 2010 CBC 第 1605.2.1 条和 ACI318-08 第 9.2.1 条对混凝土结构的规定，以下荷载组合可用于强度验算：

1. $1.4(D+F)$
2. $1.2(D+F+T) + 1.6(L+H) + 0.5(L_r \text{ or } S \text{ or } R)$
3. $1.2D + 1.6(L_r \text{ or } S \text{ or } R) + (f_1L \text{ or } 0.8W)$
4. $1.2D + 1.6W + f_1L + 0.5(L_r \text{ or } S \text{ or } R)$
5. $1.2D + 1.0E + f_1L + 0.2S$
6. $0.9D + 1.6W + 1.6H$
7. $0.9D + 1.0E + 1.6H$

根据 ASCE7-05 第 12.4.2 条关于地震作用 E 的定义，荷载组合 5 和 7 可进一步细化为：

5. $(1.2 + 0.2S_{DS})D + \rho Q_E + L + 0.2S$
7. $(0.9 - 0.2S_{DS})D + \rho Q_E + 1.6H$

分析模型

根据 ASCE7-05 第 12.9 节的要求，采用 ETABS 程序建立三维有限元模型进行线弹性振型分解反应谱分析。ETABS 模型包含三层地下室和直至屋面设备层的全部地上结构。模型不包括筏板基础。模型采用了以下设计参数和假定：

a. 模型包含了竖向承重体系和抗侧力体系。
b. 剪力墙壳单元底部节点铰接，柱单元底部节点固接。地下室楼层周边墙约束水平向平动自由度。

c. 楼面采用刚性楼板假定。

d. 阻尼比假定为 5%。

e. 考虑偶然偏心。

f. 考虑 $P\text{-}\Delta$ 效应。

g. 侧向和竖向体系考虑了地震作用下混凝土截面开裂造成的刚度调整系数。系数参考了 ATC-72 第 4.2.2 条和第 4.3.1 条，以及 ASCE41-06 第一号补充文件第 6.3.1.2 条表 6.5。

	弯曲	剪切	拉压
1. 连梁	$0.2E_cI_g$	G_cA_v	E_cA_g
2. 剪力墙	$0.5E_cI_g$	G_cA_v	E_cA_g

构件设计

线弹性分析的结果用于评估侧向体系构件的内力水平。根据 ACI 318 规定的荷载组合和承载力计算方法，初步进行构件截面设计。剪力墙和连梁的剪力乘以 1.5 以近似为最大考虑地震作用的剪力。基于规范对构件进行初步设计，得到的截面信息可作为频遇地震和最大考虑地震性能化设计的输入条件。

11.3.2.2 阶段二：频遇地震性能评估

公告 AB-083 要求对结构进行频遇地震性能评估，此时除了部分耗能构件允许轻微屈服之外，其他构件应保持弹性。频遇地震的重现期为 43 年，30 年超越概率为 50%。

需要对主要结构体系进行频遇地震性能评估，目的是证明其在频遇地震作用下仍能保持弹性状态。

性能目标

频遇地震作用下结构仅会发生一些轻微损坏。这些损坏即使不经修复，也不应影响将来发生的最大考虑地震下结构抗倒塌的能力。

设计标准

频遇地震分析没有考虑规范里的反应修正系数 R、超强系数 Ω_0、

冗余系数 ρ、变形放大系数 C_d 等参数。这些系数可以全部按照 1.0 考虑。频遇地震动输入是基于阻尼比为 2.5% 的线性加速度场地反应谱。线弹性反应谱法计算得到变形和内力可直接用于设计。内力计算可以采用如下荷载组合：

    a. $1.0D + L_{exp} \pm 1.0E_x \pm 0.3E_y$

    b. $1.0D + L_{exp} \pm 0.3E_x \pm 1.0E_y$

这里：

L_{exp} 是实际活荷载，L_{exp} 取为未折减活荷载的 20%（ATC-72 第 2.1.4 条）。设计中材料特性可取预期值。

下述材料强度参考了太平洋地震工程研究中心（PEER）设计指

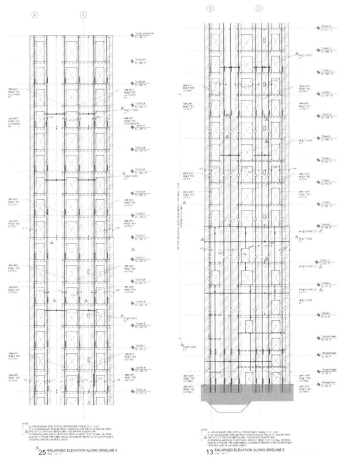

核心筒剪力墙抗侧力体系，密逊街 350 号，
旧金山，加利福尼亚州

南第 7.5.2 条表 7.1，可用于频遇地震性能评估，只考虑了预期材料强度，不考虑应变强化。

   a. 钢筋：$1.17f_y$

   b. 混凝土：$1.3f'_c$

分析模型

采用 ETABS 程序建立三维有限元模型进行线弹性振型分解反应谱分析。ETABS 模型包含三层地下室和直至屋面设备层的全部地上结构。模型不包括筏板基础。模型采用了以下参数：

   a. 模型包含了竖向承重体系和抗侧力体系。

   b. 柱和剪力墙底部单元节点按照铰接处理。

   c. 楼面采用半刚性楼板假定。

   d. 阻尼比假定为 2.5%。

   e. 不考虑偶然偏心。

   f. 考虑 $P\text{-}\Delta$ 效应。

   g. 不考虑土体和结构相关作用

   h. 侧向和竖向结构体系考虑了地震作用下混凝土截面开裂造成的刚度调整系数。系数见 ASCE41-06 第一号补充文件第 6.3.1.2 条表 6.5、ATC-72 第 4.2.2 条和第 4.3.1 条，以及太平洋地震工程研究中心（PEER）设计指南第 7.5.2 条表 7.2。

	弯曲	剪切	拉压
1. 连梁	$0.3E_cI_g$	G_cA_v	E_cA_g
2. 剪力墙	$0.75E_cI_g$	G_cA_v	E_cA_g
3. 楼板	$0.5E_cI_g$	G_cA_v	E_cA_g
4. 柱	$0.5E_cI_g$	G_cA_v	E_cA_g

注意混凝土弹性模量 E_c 应根据 ACI318-08 第 8.5.1 条公式 $57000\sqrt{f'_c}$ 计算，并采用材料预期强度 $1.3f'_c$。剪力墙的有效剪切模量 G_{eff} 可取为 $0.20E_c$。

评估标准

性能评估时可采用以下标准：

a. 所有抗侧力构件的利用率不超过 1.5。

b. 所有楼层层间位移角不超过 0.005。

c. 剪力墙的剪应力应大致限制在 $2\sqrt{f'_c}$ 到 $3\sqrt{f'_c}$。

抗侧力构件的承载力应取作设计承载力，为名义承载力依据 ACI318 相关条文进行折减后的强度。

11.3.2.3　阶段三：最大考虑地震性能评估

最大考虑地震性能评估的目的是证明结构在强烈地震动作用下倒塌的概率很低。最大考虑地震定义为重现期 2475 年，50 年超越概率为 2% 的地震动，或控制断裂带中值确定性反应谱的 150%。通过多个非线性时程分析取平均得到的结构最大层间位移角（层间位移除以层高）不超过 0.03。

性能目标

预期结构在最大考虑地震作用下全部倒塌或者部分倒塌的概率很低（10% 左右）。最大考虑地震性能评估需要证明结构在最大考虑地震作用下：不丧失竖向承载能力，重要的抗侧力构件不因塑性应变过大而发生明显的强度退化，不发生过大的永久侧向变形，不发生结构整体失稳。

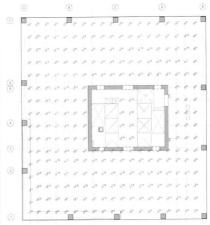

无周边框架的大跨无梁楼盖施工支撑系统，楼板起拱数值，旧金山，加利福尼亚州

设计标准

最大考虑地震性能评估选用了 10 组地震时程记录，并且通过比例缩放使得其幅值与目标最大考虑地震反应谱一致。这 10 组地震时程记录是从 25 组地震波中选出来的，标准是基于频谱特征、峰值速度等。每组地震波从结构的任意方向随机输入进行非线性时程分析。通过非线性时程分析计算出侧向和竖向荷载关键传递路径上所有构件和部件的内力和变形，并直接与设计标准比较。

以下荷载组合可用于计算构件内力和变形：$1.0D + L_{exp} + 1.0E$，并取分析结果的平均值。L_{exp} 是预计的活荷载，取未折减活荷载的 20%。材料强度可取预期强度。下述材料强度参考了太平洋地震工程研究中心设计指南第 7.5.2 条表 7.1，用于最大考虑地震性能评估，考

密逊街 350 号，施工照片，旧金山，加利福尼亚州

虑了材料预期强度，不考虑应变强化。

　　a. 钢筋：$1.17f_y$

　　b. 混凝土 $1.30f'_c$

分析模型

采用 PERFORM-3D 程序建立三维有限元模型进行非线性时程分析。PERFORM-3D 模型包含三层地下室和直至屋面设备层的全部地上结构。模型采用了以下设计参数和假定：

　　a. 模型包含了竖向承重体系和抗侧力体系。竖向承重体系对侧向刚度的贡献采用等效框架来模拟。

　　b. 模型中柱、剪力墙、地下室墙底部单元节点按照铰接处理。

　　c. 阻尼假定为 3.0% 的模态阻尼和 0.5 ~ 1.5 倍基本周期处 0.5% 的瑞利阻尼。

　　d. 不考虑偶然偏心。

　　e. 考虑 P-Δ 效应。

　　f. 考虑到 5 层和 10 层之间核心筒剪力墙存在大开洞，并且墙肢截面变小，所以目标塑性铰区应该出现在这个区域。

　　g. 每组地震波沿垂直的两个方向同时输入，其加载角度由专家评审组随机决定。

11.4　中国性能化设计简述

中国抗震规范 GBJ 11—89 开始引入性能化设计的概念，首次提出了"小震不坏、中震可修、大震不倒"的性能目标。为了实现"三水准"的性能目标，GBJ 11—89 采用了"两阶段"的设计方法：

第一阶段，基于多遇地震，控制层间位移角满足规范限值，并将地震作用效应与其他荷载效应组合，对构件进行承载力验算。

第二阶段，基于罕遇地震，验算弹塑性层间位移角满足规范限值，以避免主结构倒塌或发生危及生命的严重破坏。

此两阶段设计方法不直接进行中震验算，而是通过规范中的内力放大系数以及构造要求，认为"中震可修"的目标可以满足。"三水准两阶段设计"的方法在抗震规范的后续版本 GB 50011—2001 和 GB 50011—2010 以及《高层建筑混凝土结构技术规程》JGJ 3—2010 中继续得到采用，并在性能化设计上进一步发展。

GB 50011—2010 的附录 M 对抗震性能化设计给出了参考目标和分析设计方法，对结构构件和非结构构件提出了详细的性能目标，并划分为四个性能水平。最低的性能水平即性能 4 比抗震规范的一般要求略高，而其他的三个性能水平即性能 1 到性能 3，性能要求更高。在中国，性能化设计往往是对高度或者不规则程度超过规范限值的结构进行的，此时抗震超限审查往往会提出高于抗震规范一般要求的性能要求。JGJ 3—2010 也含有一节，定义了相似的抗震性能化设计要求。

GB 50011—2010 附录 M 给出的强度性能目标如下表所示。

性能要求	多遇地震	设防地震	罕遇地震
性能 1	完好	完好，承载力按抗震等级调整地震效应的设计值复核	基本完好，承载力按不计抗震等级调整地震效应的设计值复核
性能 2	完好	基本完好，承载力按不计抗震等级调整地震效应的设计值复核	轻～中等破坏，承载力按极限值复核
性能 3	完好	轻微损坏，承载力按标准值复核	中等破坏，承载力达到极限值后能维持稳定，降低小于 5%
性能 4	完好	轻～中等破坏，承载力按极限值复核	不严重破坏，承载力达到极限值后基本维持稳定，降低少于 10%

当需要按地震残余变形确定结构性能时，结构构件除满足上述强度性能要求外，还应满足下列层间位移要求。

性能要求	多遇地震	设防地震	罕遇地震
性能 1	远小于弹性位移限值	小于弹性位移限值	略大于弹性位移限值
性能 2	远小于弹性位移限值	略大于弹性位移限值	<2 倍弹性位移限值
性能 3	明显小于弹性位移限值	<2 倍弹性位移限值	<4 倍弹性位移限值
性能 4	小于弹性位移限值	<3 倍弹性位移限值	<0.9 倍塑性变形限值

结构构件的细部构造可以按照下表确定抗震等级。

性能要求	构造的抗震等级
性能 1	基本抗震构造，可按常规设计的有关规定降低二度采用，但不得低于 6 度，且不发生脆性破坏
性能 2	低延性构造，可按常规设计的有关规定降低一度采用。当构件的承载力高于多遇地震提高两度的要求时，可按降低二度采用。均不得低于 6 度，且不发生脆性破坏
性能 3	中等延性构造，当构件的承载力高于多遇地震提高一度的要求时，可按降低一度且不低于 6 度采用，否则仍按常规设计的规定采用
性能 4	高延性构造，仍按常规设计的有关规定采用

中国规范没有给出构件允许的塑形变形限值，很多项目的性能化设计在弹塑性分析中参照 ASCE 41 定义的 IO、LS、CP 等限值来评估构件在大震下的性能。

第 12 章

环境

12.1 环境变化

20 世纪初到世纪末，地球上的平均温度上升了近 1.5°F。政府间气候变化专门委员会（IPCC）得出的结论是，观测到的温度上升大多数是由于温室气体含量增加，其中二氧化碳是主要因素。造成温室气体排放的最重要因素是人类活动，包括燃烧化石燃料和砍伐森林。20 世纪初美国和欧洲的工业革命可能是影响最大的时期。中国和印度的工业发展可能成为 21 世纪最重要的影响。预计 21 世纪将再出现 2°F 的温度上升（IPCC，2007）。

全球气温升高将导致海平面上升，改变降水模式，并可能扩大亚热带地区的沙漠面积。预计南北极区域将受到最大的冲击，包括冰川收缩、永久冻土和海冰减少引发的极端天气模式，以及物种灭绝和农业产量变化。水位上升将对目前海岸线和毗连海洋水域的发展和生态系统带来灾难性的影响。

在美国，建筑物产生的碳排放量占 39%，超过交通运输（33%）或工业部门（29%）。大多数排放物与化石燃料的燃烧有关。建筑材料的制造和运输，以及建筑拆除或修理相关的碳排放甚至会产生更大的影响（USGBC，2004）。

对页图
消费后废塑料

12.2 环境启迪

12.2.1 涌现理论

尊重自然生长模式的结构最终将使材料用量最少和环境影响最小。在许多情况下，这些形式很复杂，需要进行解读。先进的计算和绘图工具为这些复杂概念的发展做出了重大贡献，这些想法也通过应变能最小原理和涌现理论概念得到进一步的发展。

内在规则和关系决定了基本单元如何构成复杂的生物体和系统。这些规则和关系通常会在没有总体监督或指导的情况下促成更高层次系统的增长。科学家们观察到这些系统是有组织的、稳定的和复杂的。涌现是一种在自然界中观察到的主题，它表明复杂、有组织、稳定的生物体

白蚁巢

鸟翼骨架剖面

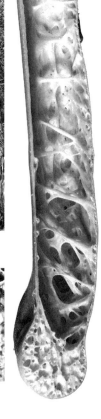

蜂窝

初始形式

涌现理论示意图

最终结构框架

最终建筑立面图

最终周边框架结构，金
地广场，中国深圳

和系统由相对简单的子组件及其相互作用生成，而无需外部指导。

　　涌现系统的一个例子是白蚁种群。虽然蚁后是唯一创造后代的成员，但她并不对白蚁种群进行整体指导。蚁巢的成功完全取决于没有监督指导的白蚁之间的基本关系，但他们是高度组织化的。此外，白蚁构建的结构是涌现过程的结果，因为它们基于基本原则和规矩，却没有总体规划。尽管如此，白蚁可以构建具有自冷却特性的、很高而且稳定的结构。

涌现系统的另一个例子是鸟翼的骨骼结构。鸟骨需要轻质、高效结构以提高鸟的飞行能力。随着时间的推移，鸟翼已经在其翼骨内部形成了轻质桁架系统。骨骼框架是微小的、无指导的变化随时间演化的结果，因此是涌现的一个例子。涌现的第三个例子是蜂窝。蜜蜂根据本能构建单独的六边形蜂室，并涌现出高效的结构和存储系统。

此概念的总体前提是，单个成员的群体协作比其单独行动具有更大的优势。

同样的原理可以应用于各种形式和边界条件的结构。利用涌现理论和能量原理得到的结构代表了最少的材料用量和最小的碳足迹。

与传统的直线钢框架相比，涌现理论和基于应变能原理的结构优化使得金地广场周边框架结构用钢量减少25%。用钢量的减少以及销轴保险丝框架™（Pin-Fuse Frame™）等增强型抗震系统的引入，使得深圳这座71层、350m（1150ft）高、建筑面积130000m^2（1400000ft^2）的塔楼减少了30%的碳排放量。

12.2.2 斐波纳契数列

有人说用于定义斐波纳契数列的数学原理可能是生命的数字定义。星系、飓风、毛发生长、植物生长和人体比例都基于相同的数列原则。这些自然形式基于二进制数0和1，代表了最有效的结构。

1937年麻省理工学院学生克劳德·香农（Claude Shannon）认识到，近一百年前开发的布尔代数的与、或、否运算逻辑类似于电路。香农学位论文中描述的采用是－否、开－关定义运算的方法使得二进制代码在计算、电路和其他方面得到实际应用。这是戈特弗里德·威廉·莱布尼兹（Gottfried Wilhelm Leibniz）在17世纪寻求一种系统将逻辑语言表述转换为数学表述的突破。使用1和0可以组合成二进制字符串，其中8位字符串可以表示256种不同的字母、符号或指令。

这些逻辑构造中的二进制数字也普遍见于数字定义的许多其他形式，特别是自然界中见到的形式。这些自然形式突出了组织、效率和比例。由斐波纳契数列定义的金色螺旋根植于二进制数创建的逻辑构造。斐波纳契数列是一系列数字，以数字0和1开头，后续数字等于前面两个数字的和。数字序列为0、1、1、2、3、5、8、13、21、

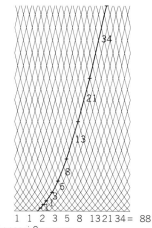

Fibonacci Sequence

基于斐波纳契数列的框架，无锡时代
广场，中国无锡

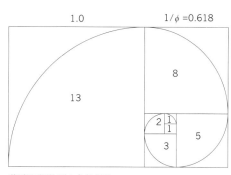

斐波那契数列／金色螺旋

34、55、89、144、233、377……相邻数字之间的比例关系更为有趣，每个数字与前一个数字的比值逼近黄金分割比。随着序列中的数字增长，该比值或比例常数（例如，ϕ = 13/8 = 1.625。）收敛于黄金分割比，即收敛于 1.618。

数列的数学定义如下：

$$F_n = F_{n-1} + F_{n-2}$$

其中：

F= 斐波纳契数

n= 数列阶数

并且使用二进制数字 0 和 1 作为数列中的初始数字：

$$F_0 = 0$$

$$F_1 = 1$$

数列首项（n=1）

$$F_1 = F_{(1-1)} = F_0 = 0$$

数列第二项（n=2）

$$F_2 = F_{(2-1)} + F_{(2-2)} = F_1 + F_0 = 0 + 1 = 1$$

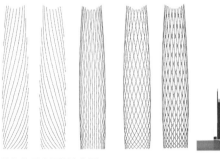

斐波纳契数列灵感，无锡时代广场，中国无锡

结构体系立面的演化图

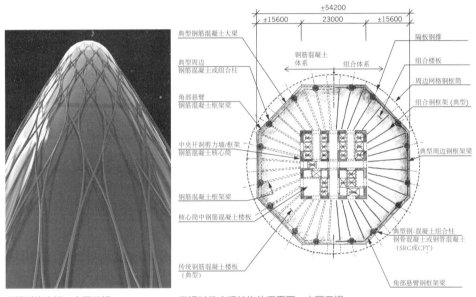

无锡时代广场，中国无锡

无锡时代广场结构体系平面，中国无锡

外框架，无锡时代广场，中国无锡

外框架，无锡时代广场，中国无锡

数列第三项（$n=3$）

$$F_3=F_{(3-1)}+F_{(3-2)}=F_2+F_1=1+0=1$$

数列第四项（$n=4$）

$$F_4=F_{(4-1)}+F_{(4-2)}=F_3+F_2=1+1=2$$

数列第五项（$n=5$）

$$F_5=F_{(5-1)}+F_{(5-2)}=F_4+F_3=2+1=3$$

数列第六项（$n=6$）

$$F_6=F_{(6-1)}+F_{(6-2)}=F_5+F_4=3+2=5$$

数列第七项（$n=7$）

$$F_7=F_{(7-1)}+F_{(7-2)}=F_6+F_5=5+3=8$$

以此类推。

尽管植物生长看上去有无限变化和多样性，但自然界只采用三种基本方式在茎上排列叶子。第一种为互生叶序，比如玉米。第二种为对生叶序，比如薄荷。第三种为轮生叶序，它代表 80% 的高等植物，其中叶片之间的旋转角度为黄金角度 137.5°（360° $/\phi^2$）。按这种螺旋式生长，新生的叶子不会过度遮蔽前面的叶子，使得每片叶子都能最大程度接受阳光和雨水 —— 所有这些都基于二进制数 1 和 0。

重力荷载体系由传统的钢筋混凝土、钢结构或两者组合而成。外部框架仅设计用于抵抗侧向荷载，通过楼层隔板连接到内部重力框架。周边框架的几何形状由斐波那契数列定义，支撑构件在结构顶部间距较大、更竖直，这里需要抵抗的累积侧向力更小。支撑在底部间距更密、更水平，这里累积侧向力是最大的，因此需要最大的侧向刚度。

12.2.3　遗传算法

Al Sharq 大厦拟建于阿拉伯联合酋长国的迪拜。该结构的平面形式是九个相邻的圆柱体。由于不想采用传统的周边柱，该体系采用了拉索支撑的周边结构。在采用经典的螺旋几何形式下，建筑和结构设计团队早期进行的工作生成了优美的建筑外形。

STRUCTURAL STEEL
CORE SHEAR WALL FORMWORK

SLAB FORMWORK
SLAB SHORING

ADDITIONAL SHORING PER SOM RF CONCRETE SPEC.

RE-SHORING AT THE SLAB EDGE
TO SUPPORT PERIMETER WITHOUT CABLES

Al Sharq，迪拜，阿联酋　　　Al Sharq 施工次序，迪拜，阿联酋

达尔文进化

DNA 链

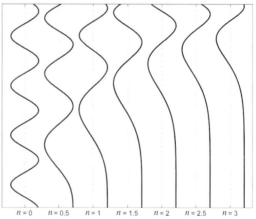

$n = 0$　$n = 0.5$　$n = 1$　$n = 1.5$　$n = 2$　$n = 2.5$　$n = 3$

各种收分的螺旋，$n = 2$，Al Sharq 大厦采用的抛物线螺旋

这座 102 层的住宅大楼平面尺寸 39m×39m（128ft x 128ft），高度为 365m，因此高宽比接近 10 : 1。拟采用的结构体系由钢筋混凝土结构和周边螺旋形高强镀锌钢拉索组成。抗侧体系由两方向的平行剪力墙和周边高强镀锌钢拉索组成。周边拉索系统包含大约 70km（44miles）长的高强镀锌钢索。初始拉索构形为螺旋布置，并复制到每个周边圆柱体。

12.2.3.1　遗传学影响的拉索构形

通过观察发现，按主应力方向构筑外形的方法在大自然中很常见。鹦鹉螺外壳的生长模式、棕榈树枝的纤维增强和骨骼结构都是模仿作用力流的例证。初步确定 Al Sharq 塔楼的最佳拉索构形时也采用了主应力方法。

对建筑物周边外皮的主应力进行了研究，以确定建筑物的形状如何对侧向荷载做出反应。分析结果表明，对于成束的圆柱体平面，角部模块在底部处呈现竖向拉力（或压力），并且在顶部附近过渡到 45°（剪切）。

索只能承受拉力，它们最有效的方向与主应力方向一致。因此，需要采用一个符合观察到的主应力轨迹的拉索构形。为了定义主应力轨迹的变化，采用改进的螺旋形式。改进的螺旋形式在公式 1 至 3 中表示，其中 z_{Total} 是建筑物的总高度，n 是一个调整参数，用于定义索斜率沿结构高度的变化速率。所在高度与总高度之比的 n 次方代表了拉索斜率作为塔高的函数。$n = 0$ 不产生斜率变化；$n = 1$，在结构高度上产生从竖直到 45° 的线性变化；$n = 2$ 产生抛物线渐变等。通过观察主应力，确定在迎风面角部模块表面上的主应力方向变化是：

$$X(z) = r\cos(t) \tag{1}$$

$$Y(z) = r\sin(t) \tag{2}$$

$$t = z\left(\frac{z}{z_{Total}}\right)^n \tag{3}$$

近似是抛物线（$n = 2$）。因此，可以使用抛物线渐变的螺旋在结构高度上完全确定每个周边圆柱处的拉索构形。可以看出，所示的抛物线渐变螺旋曲线与迎风面角部模块表面上的主应力方向紧密吻合。

如果外皮是一个匀质的整体，则观察建筑物外皮的主应力以确定拉索构形是合理的。实际上外皮是一系列离散的仅受拉的索。因此，主应力研究只能提供整体周边荷载路径的合理基础，尚需要进一步研究以确定最佳的拉索构形。

12.2.3.2 基于遗传算法优化拉索构形

为周边荷载路径建立了一个合理的基础后，进一步研究抵抗侧向荷载的高效拉索构形。通过遗传算法（GA，Genetic Algorithm）优

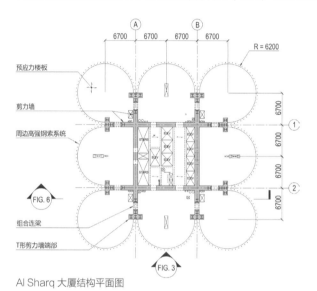

Al Sharq 大厦结构平面图

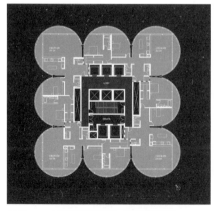

Al Sharq 大厦建筑平面图，阿联酋迪拜

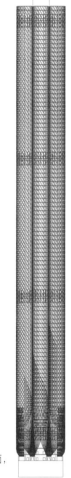

Al Sharq 大厦立面，
阿联酋迪拜

主应力（迎风面）　　　　　　索形状（所有面）

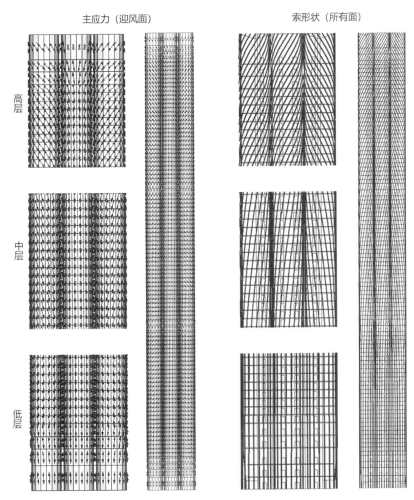

主应力分析和拉索构形

化程序来改进结构性能。遗传算法优化考虑了拉索沿塔楼高度变化的斜率。下文提供了所采用的遗传算法的一般描述。

　　遗传算法已广泛应用于各种行业，例如航空航天、汽车和医疗行业。这种简单而强大的算法有助于在大型（通常尚未很好定义）的搜索空间中进行多变量和多目标搜索。Holland（1975）对进化算法进行的早期研究，是从达尔文（Darwin，1859）的观点中受到的启发。遗传算法是一种启发式优化方法，它利用大型种群的试错作为优化的基础。为了演示遗传算法概念，在下文中说明了一个简单的桁架优化问题。

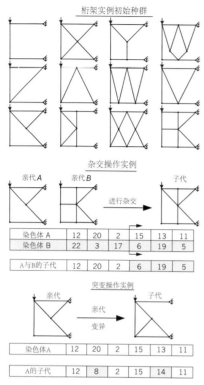

桁架实例初始种群

杂交操作实例

亲代A   亲代B   子代

进行杂交

| 染色体A | 12 | 20 | 2 | 15 | 13 | 11 |
| 染色体B | 22 | 3 | 17 | 6 | 19 | 5 |

| A与B的子代 | 12 | 20 | 2 | 6 | 19 | 5 |

突变操作实例

亲代   子代

亲代
变异

| 染色体A | 12 | 20 | 2 | 15 | 13 | 11 |

| A的子代 | 12 | 8 | 2 | 15 | 14 | 11 |

遗传算法图示

Al Sharq 大厦公寓景观

要开始遗传算法优化，必须首先生成初始种群。种群是一组候选方案。对于示例桁架问题，种群包括一组潜在的桁架形式。每个桁架都有不同的构件布置，但荷载和边界条件是相同的。

在生成初始种群后，对候选方案进行评估。他们的适合程度或得分由适合度函数决定。对于这个例子，桁架的适合度是归一化挠度和归一化重量的总和。该遗传算法是最小化算法，因此对于适合度采用归一化值的总和。对挠度和重量进行归一化是为了使适合度得分中的偏差最小化。可以使用分析软件快速确定群体中每个桁架的挠度和重量。较大的重量和挠度增加了候选桁架的得分，因此减少了被遗传算法选中以包含在后代中的机会。

最初的种群是第一代父母种群，用于产生后代种群。后代种群是一组新的候选方案，来自父母种群。后代种群与父母种群的规模相同，每个后代种群成员都由遗传算法运算生成。将通过遗传算法优化的参

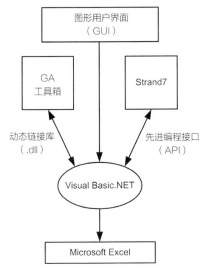

遗传算法的实现

数值包含在一个向量中，称为染色体。

第一种类型的遗传运算称为"杂交"。杂交运算需要一对亲代，并将来自亲代的特征组合起来形成一个后代。第二种类型的遗传运算称为"突变"。突变运算基于一个亲代并改变其一个或多个特征以形成后代。

在产生后代种群之后，评估每个后代并确定适合度。接下来将父母种群和后代种群合并为一个候选方案池，并根据每个成员的适合度进行排序。对于桁架示例问题，具有最低适合度得分的桁架被认为是最佳的，具有最高适合度得分的桁架被认为是最差的。通过合并父母种群和后代种群并排序，前 50% 的个体被选为下一代的父母种群，其余的桁架被舍弃。

为了实现遗传算法以优化 Al Sharq 拉索，需要使用几种工具。Visual Basic.NET 是一种通用编程环境，非常适合进行遗传算法运算、与有限元软件交互以及结果汇总。采用有限元分析软件 Strand7 分析遗传算法生成的拉索构形。

基于所描述的遗传算法概念，现在考虑其在 Al Sharq 大厦拉索优化中的应用。遗传算法运算用于优化每层的拉索斜率。正如在主应力分析中已经观察到的那样，最佳拉索斜率可以沿塔的高度变化。考虑

$$J_1 = \frac{1}{(拉索面积 \times 拉索总长度 \times 屋顶侧移)} \quad (7)$$

早期最佳性能设计

直径 = 29mm
间距 = 每半圆8根
斜角 = 45 deg.
屋顶侧移 = 771mm

中期最佳性能设计

直径 = 29mm
间距 = 每半圆6根
斜角 = 35 deg.
屋顶侧移 = 831mm

最终最佳性能设计

直径 = 15mm
间距 = 每半圆6根
斜角 = 35 deg.
屋顶侧移 = 2667mm

适合度分数 = 7.36　　　**适合度分数 = 8.93**　　　**适合度分数 = 10.2**

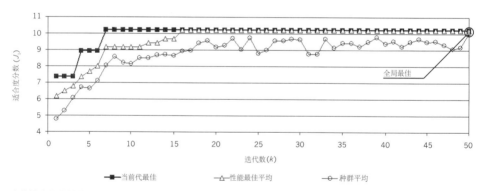

适合度得分结果概要，Al Sharq 大厦，阿联酋迪拜

遗传算法优化的结果，Al Sharq 大厦，阿联酋迪拜

到这一点，遗传算法优化允许改变每层的斜率，同时对 102 个变量进行优化。适合度函数是正则化的屋顶侧移。

总共有 500 次循环，种群规模为 10，因此总共评估了 5000 个潜在的拉索布置。适合度得分稳步改善，直到大约 350 代。第 500 代性能最佳的拉索构形方案与先前讨论的基于主应力的研究中确定的抛物线构形非常相似。

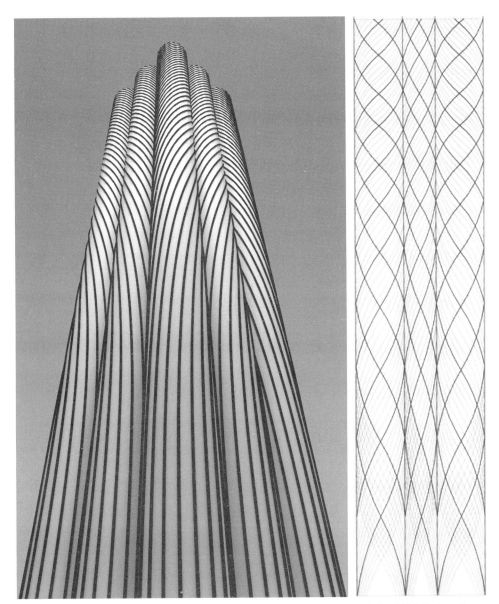

理论抛物线渐变螺旋构形，Al Sharq 大厦，阿联酋迪拜

最终选用的拉索构形，Al Sharq 大厦，阿联酋迪拜

　　早期为了确定侧向荷载作用下有效而合理的拉索构形，生成了基于主应力路径的拉索构形，并通过遗传算法优化得到确认。最佳拉索构形遵循抛物线螺旋定义（ $n = 2$ ），与观察到的主应力线紧密吻合：从底部竖直过渡到顶部 45° 倾斜。

12.3 变化环境的解决方案

12.3.1 汽车类比

当人们考虑购买汽车时，主要考虑因素之一是单位油耗的行驶里程——里程数越大，消耗的自然资源越少，碳足迹越小。然而，有多少人考虑过制造汽车的地点、材料用量、汽车是否安全、是否需要经常维修以及汽车的预期寿命是多少？所有这些因素都极大地影响了车辆对环境的影响，在某些情况下与车辆运行相比，这些因素可能是最重要的。对新建结构（甚至现有结构改造）也可以提出相同的问题：

- 结构材料来自哪里？包括资源产地、制造和运输到项目现场。
- 预计施工时间是多少？
- 结构体系—它会在地震中表现自然吗？
- 结构体系的性能——结构在其使用年限内是否需要维护？在发生重大地震后，是否需要维修或更换？
- 预期的使用年限——结构何时需要更换？

建筑建造相关的碳排放量占其在 50 年使用年限期间运行所产生的碳排放总量的 10% 至 20%。未来的建筑设计为净零能耗标准，则初始建造相关的碳排放将占总量的 100%。此外，典型建筑运行 20 年产生的碳排放才能超过建造结构产生的初始碳排放。

12.3.2 常规与增强抗震系统

工程界在高地震风险区域的结构设计方面取得了重大进展，但这些进展中的大多数都侧重于生命安全，同时适度关注性能或长期经济可行性，基本上没有注意到这些结构对环境的影响。与场地条件自然共存的结构可以产生最高效的设计和成本效益最佳的长期解决方案，并且对环境的影响最小。

想象即使受到最极端地震事件的影响，结构也能以最少的材料保持弹性。想象这些结构是基于自然行为原则而设计的，而不是传统的设计方法。在 1994 年北岭地震中许多框架出现非延性表现之后，对钢结构梁柱抗弯节点进行了改进，开发了其他体系，例如 RBS

摩擦摆式隔震支座
（图片由 Earthquake Protection Systems 提供）

具有销轴保险丝节点®（Pin-Fuse Joints®）
的框架（美国专利号 No. 7000304 和 No.
6681538）

（Reduced Beam Section 或狗骨头）节点和腹板开槽节点（Slotted
Web Connection）。然而，这些体系和其他体系都会在强烈地震中发
生塑性变形并造成损坏。我们必须开发能够消散能量、发生弹性变形
而不是塑性变形的体系，并允许建筑物在地震后立即重新投入使用。

在地震期间允许结构发生受控的变形同时耗散能量是很重要
的。这种变形可以发生在底部或上部结构内。用隔震装置在地震时

密逊街 350 号，旧金山，加
利福尼亚州

密逊街 350 号施工照片，旧金山，加利福尼
亚州

将结构与强烈地面运动隔离开来，对低、中层结构是极好的解决方案，但是对重力荷载非常大、可能存在上拔和上部结构较高、周期较长的建筑中实施起来比较困难，其周期有时比隔震体系能够实现的还要长。

当结构固定在基础上时，变形必须设计为出现在上部结构的节点上。销轴保险丝抗震系统在整个服役期间使结构节点保持刚接。当发生重大地震时，框架内力会通过摩擦型连接使节点滑动。这种滑动改变了结构的特性，延长了周期，减少了从地面吸引的力，产生能量消散但没有永久变形。

12.3.3 降低地震质量

最有效和最环保的结构是质量最小并取法自然的结构。通过使用轻质材料，例如比普通混凝土密度低 25% 的轻质混凝土，可以减少地震质量。然而，可以采用进一步减少质量的其他概念。在混凝土结构中，有些部位只是由于传统的施工方法才需要大量混凝土。例如，通过引入更科学的体系，双向钢筋混凝土楼面系统的跨中 – 跨中板带所需的混凝土可减少 50% 或更多。如果去掉这些部位不必要的混凝土，则可以实现混凝土用量减少。可以使用内模板系统，也许可以将消费后废弃物放在当中。获得专利的可持续内模板系统（SFIS™, Sustainable Form Inclusion System™）通过使用塑料水瓶、塑料袋、废弃聚苯乙烯泡沫等材料在混凝土楼面系统内产生空腔来实现这一目标，否则这些材料将被弃置到垃圾填埋场。

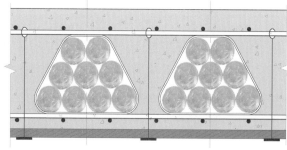

消费后塑料形成 SFIS™ 长方体单元　　水瓶概念，SFIS™

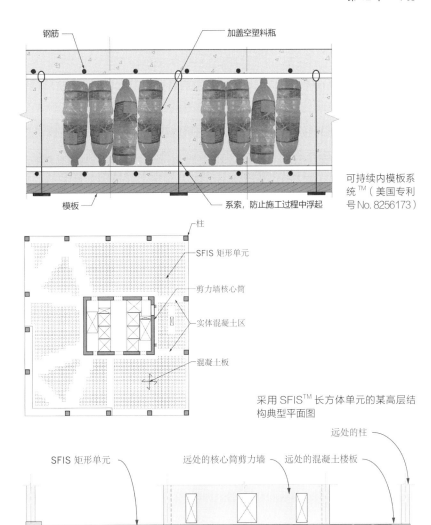

钢筋

加盖空塑料瓶

可持续内模板系统 ™（美国专利号No. 8256173）

模板

系索，防止施工过程中浮起

柱

SFIS 矩形单元

剪力墙核心筒

实体混凝土区

混凝土板

采用 SFIS™ 长方体单元的某高层结构典型平面图

远处的柱

SFIS 矩形单元

远处的核心筒剪力墙

远处的混凝土楼板

采用 SFIS™ 长方体单元的某高层结构典型整体剖面

采用水瓶的 SFIS™ 系统在高层结构中的典型配筋模型

12.3.4 环境分析工具™

12.3.4.1 评估基础

到目前为止，大多数（即使不是全部）计算碳足迹的工作都与建筑物的运营有关，在施工及其使用年限期间很少或根本没有关注结构因素。获得专利的环境分析工具™（Environmental Analysis Tool™）根据项目位置和场地条件计算结构施工时的预期碳足迹。此工具对所选结构体系考虑预期地震条件、预期使用年限进行复杂的损伤评估，适用于规范定义的传统体系或增强的结构体系。

12.3.4.2 设计初期的碳足迹

在设计的初始阶段，结构的环境影响需要与可选用的材料、可施工性和成本一起进行考虑。很重要的一点是，即使只用有限的已知信息，也能够对碳足迹做出准确评估。环境分析工具™能够在只知道以下信息时计算结构的碳足迹：

1. 楼层数量（上部建筑和地下室）。
2. 结构总面积或每层平均面积。
3. 结构体系类型。
4. 预期的使用年限。
5. 与预期的风和地震有关的场地条件。

由于这些数据有限，该程序引用了一个综合数据库，其中包含数百个 SOM 设计项目的结构材料用量，当然其他任何可靠的数据库都可以用于定义结构的预期材料用量。采用曲线拟合技术按建筑高度在低、中、高风荷载／地震作用下分别进行考虑。上部结构材料类型包括钢结构、钢筋混凝土、组合结构（钢和混凝土的组合）、木材、砌体和轻型金属结构。基础材料包括用于扩展／连续基础、筏基和桩支承筏基的钢筋混凝土。

选定的抗震体系对于结构全生命期的碳足迹非常重要。与地震损坏相关的碳排放量可占该结构总碳足迹的 25% 或更多。设计基准包括传统的基于规范的体系、备选的增强抗震体系，如销轴保险丝抗震体系、隔震体系、屈曲约束支撑和黏滞阻尼器。考虑了每个体系的损坏所需

Environmental Impact Analysis

Sacramento Criminal Courthouse

Parameters:

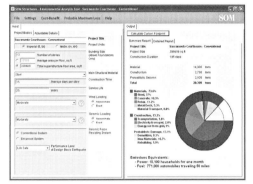

- Steel (MF + BRBF)
- Conventional seismic system
- Steel Quantity: 16.5psf
- 396,609 sq. ft.
- 13 stories
- 25 yr life-cycle
- Seismic performance level: "Life Safety"

Estimated Carbon Footprint:

- Material = 14,900 tons CO2
- Construction = 2,730
  Seismic Damage = 2,620
  - ➤ TOTAL = 20,300 tons CO2

Power: 10,100 households for one month
Fuel: 771,000 automobiles traveling 50 miles

不考虑隔震的碳足迹计算（美国专利号 No. 8256173）

Environmental Impact Analysis

Sacramento Criminal Courthouse

Parameters:

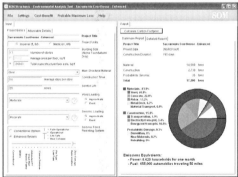

- Steel (MF + BRBF + Base Isolation)
- Enhanced seismic system
- Steel Quantity: 15.5psf
- 396,609 sq. ft.
- 13 stories
- 25 yr life-cycle
- Seismic performance level: "Operational"

Estimated Carbon Footprint:

- Material = 14,500 tons CO2
- Construction = 2,730
  Seismic Damage = 35
  - ➤ TOTAL = 17,200 tons CO2

Δ = 3,100 tons

Power: 8,620 households for one month
Fuel: 655,000 automobiles traveling 50 miles
15% reduction

考虑隔震的碳足迹计算（美国专利号 No. 8256173）

的修复。该程序使用这些基本信息来计算施工时间和方法、材料制造和运输、结构施工所需劳动力以及工人的交通需求等。利用这些有限的信息，可以对结构的碳足迹进行早期但准确的评估。

12.3.4.3　详细设计阶段的碳足迹

环境分析工具™中的每个输入变量都可以被用户修改。这样，在完成更全面的工程设计后，可以将详细的设计信息包含到评估中。例如，详细的结构钢、混凝土和钢筋用量可用于精确计算与材料相关的碳足迹。当已知材料的具体供货地点时，可以输入运输距离。另外也可以根据预期的复杂性修改施工时间。

用户可以修改默认的预测损伤的脆弱性曲线，以准确反映结构系统的非线性行为。最后，用户可以调整从材料、运输到施工的任何碳排放基准值假定。

12.3.4.4　环境分析工具™程序详情

与建筑物结构体系相关的等效二氧化碳排放可以归类为来自以下三个主要组成部分：（1）用于建造结构的材料；（2）施工活动；（3）地震活动造成的概率损伤。例如，地上钢结构的主要材料包括结构钢、混凝土、钢筋和压型钢板，考虑了材料的制造和从产地到项目现场的运输。施工活动包括现场材料运输、工人往返现场的交通、从电网获取的电力，以及电网以外能源，包括现场柴油发电等方式。最后，由于地震活动造成的概率损伤包括拆除受损区域、修复和更换结构部件。

碳计算器度量建筑结构的"等效"二氧化碳排放量。"等效"是指除二氧化碳（CO_2）之外的其他温室气体会增加温室气体总量，从而增加结构的 100 年全球变暖潜能值（GWP，Global Warming Potential），其度量单位是 CO_{2e}，或等效二氧化碳。为了总结这些气体中每种气体对总 GWP 的贡献，使用二氧化碳作为基准，基于分子量将因子分配给每种气体。一个例子是甲烷，将它等效为 CO_2 时其 GWP 值为 21。

12.3.4.5　成本效益和 PML

将先进的工程部件引入结构中最困难的障碍之一是初始成本。许多这样的体系需要更高的初始投资，但是，当考虑结构的生命周期时，成本效益和可能的最大损失（PML）非常重要。

Cost-Benefit Analysis

Sacramento Criminal Courthouse

Parameters:

- Base Building Cost: $ 438.6 million
- Enhanced System
  Estimated First Cost: $ 5.0 (1.1%)

Return on Investment:

- Expected Annual
  Loss Benefit = $1,150,000 / yr
  ➢ ROI = 23% over 25yrs

Benefit/Cost Ratio, 100-yr event:

- Reduction in loss = $13.6 million
  ➢ B/C Ratio = 2.7

Benefit/Cost Ratio, 1000-yr event:

- Reduction in loss = $120.0 million
  ➢ B/C Ratio = 24

Enhanced system saves $1,150,000 per year on average versus conventional system

考虑隔震的成本效益分析（美国专利号 No. 8256173）

环境分析工具 ™ 考虑了这些体系的初始成本，并对结构在规定时期内的预期损坏和成本进行分析，以计算成本效益比。成本效益分析考虑了年回报率、平均年损失和初始成本。

此外，计算了 100 年和 1000 年重现期地震的成本效益比。成本效益比大于 1 表示有利可图的投资。例如，加州认为，在 25 年的使用年限期间，100 年地震可能需要 1.5 的最低成本效益比。

大多数保险公司都需要进行 PML 分析。该分析表示损坏造成的总预期损失占建筑物总成本（包括所有组件）的百分比。PML 越高，损伤越大，修复损伤的预期成本越高。对于符合规范的建筑物，PML 的范围可以从 10 到 20；根据以前规范设计的旧结构可能有 20 或更高的 PML；具有增强抗震系统（例如隔震）的建筑物可能具有 10 或更小的 PML，甚至低至 2~4。

12.4 未来的可持续城市系统

新的社区、园区和城市的建设以及现有基础设施的维护需要找到韧性、自维持和再生之间的平衡。为了避免自然资源的枯竭，必须将结构设计成耐久且适应性强，能够在适应环境条件的同时适应用途的变化。

韧性是比可持续性更高的要求，可以实现对环境敏感的建筑物，可能采用能适应未来条件如气候变化的再生材料。建筑系统需要体现性能设计的理念，每个部件都有多种用途，例如能够加热和制冷的结构体系、能够吸收和储存能量的外墙系统，以及能够利用现场收集的水、现场发电和配电而运行的建筑物。建筑物应该完全自维持，而不依赖于邻居。能量储存的进步使建筑能够度过太阳能有限或缺乏的时间段，而现场水的回收、净化和再利用将减少对最重要的资源的需求。

未来的形态学规划将考虑单个建筑物之外的权重设计参数。在早期概念阶段，甚至在区域或城市范围内也将考虑形式、建筑材料、内含和运行的碳排放量、日照、使用效率、场地布置和其他重要参数。丰富的数据将为感应场提供信息，在这些感应场中，可以预测、收集、反馈即将发生的环境变化的大小和方向，并用于调整结构获得最佳性能。结构将变为自适应的、能够经历材料的状态变化，可以临时改变部件的特性以有效地抵抗异常荷载。流变体系将利用材料的流动性，由与建筑物和区域感应场相连的高等分析模型激活。结构体系和所有建筑构件将设计为在环境中自然地反应，不会由于地震活动等极端条件而造成损坏。

最终，结构将存在于一种真正的均衡状态，消除了对其他资源供应的连结依赖，并且有可能再生资源；结构将助力环境而不是挑战环境。只有通过协作、发明和集成的创新过程才能实现这一目标。

12.4.1 感应场

城市环境中结构的响应受到荷载、材料特性（包括刚度）、质量、形状和与地面的连接的影响最大。数学模型准确地描述了这些结构特征；然而，在设计中通常采用荷载大小和方向的包络，因此对结构的需求是保守的，并因此浪费材料。分析模型通常是独立的，并且系统地承受不同的包络荷载条件。定义荷载的精确大小和方向可以得到最佳性能，并且需要最少的材料。

在区域或城市规模上的仿生传感系统可以监测特定场地条件，并通知建筑系统对自然事件施加的荷载产生必要的响应。例如，对地震地面运动的确定性评估可以获得与即将发生的地震相关的力矢量和能量。可以使用类似的技术来评估风荷载。感应场包括加速度计和风速计，可以精确确定区域或城市范围内的自然力流，这些传感器可以与先进的建筑分析模型相关联。

　　将数学模型交互式地连接到感应场反馈的信息源，可以使结构智能地做出响应，或许可以系统地改变内部特性或触发主动机制。结构内可以设置材料或运动传感器系统以评估受荷载时的实时行为，将实际行为和预测的性能相关联，并且提供材料的应力状态图，包括可能出现的塑性应力状态或永久变形。

旧金山数字图像与映射的感应场概念

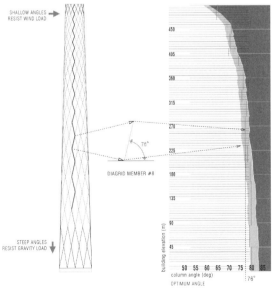

先进的建筑分析模型

12.4.2　自适应

增大结构的特征（基本）周期可以降低地震地面运动引起的作用力，同时保持材料弹性，对于实现最高性能、最小损害，使建筑在极端地震后恢复使用的可能性最大化都非常关键。隔震是将建筑物的基础与地面分开，从而人为延长结构周期的技术。节点的转动或"熔断"起到同样作用。例如，五层高的华为上海研发中心现浇混凝土屋顶桁架采用钢销轴节点，将多个建筑物连接成具有一致和持久特征的综合体。屋顶桁架设计为在强震时在顶点分开或"熔断"变成悬挑桁架，将本来跨越中庭相连的模块分成更小、更简单、更稳定的小模块，从而减少潜在的损坏。

华为项目的熔断销轴构造可用于高层建筑中必须保护的结构体系。例如，钢伸臂桁架可以和该体系结合，允许在极端荷载下进行熔断，从而保护主要桁架构件免受永久性损坏。

同物种的个体植物因处于环境不同位置而有不同的生长模式，照明控制装置可以根据环境条件确定补充照明的光照水平，类似的，结

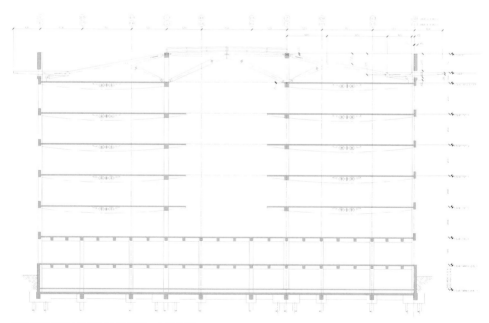

华为技术公司上海园区大楼剖面，中国上海

华为技术公司上海园区，中国上海

可熔断现浇混凝土屋面桁架，华为技术公司上海园区，中国上海

构也应设计成具有环境反应性、动态和自适应性。感应信息流将为结构提供的预期荷载需求，并允许交互反应。

结构分析模型将与荷载大小和方向直接关联，通知结构进行适当的后续响应。这些后续响应可能包括激活按策略设置的性能控制装置或机构，从而改变节点或基础连接。

例如，通过将实际动态响应与预测的动态响应交互关联，可以交互激活和调整压缩空气阻尼器或黏弹性流体阻尼器。阻尼器可以在结构的关键区域按次序激活，即阻尼器作用最有效的位置。柏林技术大学进行了重要研究，将高强度碳纤维带应用于大跨度人行天桥。由于该结构对行走引起的振动非常敏感，因此将阻尼器引入扶手栏杆中。这些压缩空气阻尼器在启动时能够立即抑制振动。

德国柏林技术大学阻尼器激活研究

在强烈地面运动情况下，更有效和精致的响应是将输入源和结构完全分离。由电磁流或临时气垫产生的临时悬浮，类似于 Poma Otis 在苏黎世 Skymetro 火车线路使用的技术，通过将上部结构与其基础分离，提供无摩擦的地震隔离。结构下方土体液化的影响通常通过深基础系统来弱化。相反，也许应该利用地面运动来降低土的剪切强度，从而降低地面和结构之间的传力能力，从而利用路基流变特性的有利影响来鼓励液化行为。可以使用周边膜约束系统来限制不可控的特性变化。土体的黏滞度变化与西红柿酱的黏度变化相似，机械扰动引起的剪切强度降低可以使其液体性质发生变化。

结构内某些节点的固定性也可以按需改变。例如，如果可以暂时减小紧固力，则框架的刚度将降低；随着吸引的惯性质量的减小，自然振动周期可以延长。紧固力的减小可以通过将热量引入节点的螺栓紧固件实现，此时螺栓紧固件的长度将因为热膨胀／螺杆伸长而暂时增大。

为了控制节点行为并允许结构回复原位，可以使用反作用的高强度索或形状记忆合金（例如镍钛（NiTi））做成关节肌腱，使用材料的固有弹性性质或施加热量，在冷却后将材料从奥氏体变到马氏体状态。

由于结构振动的基本周期与质量的平方根成正比，因此在保持相同侧向刚度的同时减小结构质量会降低周期和从地面运动吸引的作用力。众所周知，传统方式建造的建筑中大约 25% 的混凝土不仅强度方面不需要，而且增加了竖向传力构件（例如墙和柱）的质量和荷载需求。例如，大多数在结构中心区的混凝土不是必要的，而是因为易于施工而存在。此外，环境因为无法降解也无法回收的废料而受到威胁。轻质的废塑料和聚苯乙烯等材料可以策略性地取代多余的混凝土，有益于环境，并减小结构质量。可持续内模板系统™（SFIS）最初设想通过将封闭的空塑料饮料容器放到结构系统里来形成空腔，从而实现这些目标。

更实用的是，该系统可以使用磨碎或成型的塑料"砖块"，或废弃聚苯乙烯泡沫浇筑在轻质砂浆里。使用"零水泥混凝土"产品可以进一步体现环境责任，例如 GREENCEM 产品不用水泥，而使用废弃高炉渣作为替代品与特殊凝胶材料结合使用。

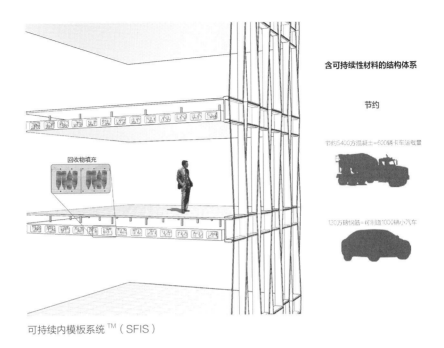

含可持续性材料的结构体系

节约

节约5400方混凝土＝600辆 卡车运载量

120万碳钢筋＝可制造1000辆小汽车

可持续内模板系统 ™（SFIS）

12.4.3 未来的形态学规划

区域或城市规模的评估多变量的参数化建筑模型可以为未来提供最佳的规划策略。参数化城市模型（PCM，Parametric City Model）结合了形式、结构、内含碳排放量和空间使用效率的加权重要性，同时考虑了方向性，包括日照和太阳能获取。该模型与诸如Grasshopper 之类的程序接口，用于定义几何特性，与 Galapagos 和 Karumba 等工具相结合，可以定义遗传算法和结构。该模型访问含有数百个此前设计与施工结构的数据库，记录的数据包括与高度、材料类型、场地位置（地震和风力条件）相关的结构要求，以及垂直运输和设备系统等建筑系统的空间要求。PCM 可以评估施工带来的碳排放量，考虑材料类型（钢、混凝土、木材、砌体等）、材料的制造和运输、施工时间和所需设备、建筑工人的数量及其往返交通。当结构和设备系统的需求已知，可以根据结构内的位置（即楼层）、自然采光和视野评估净可用空间的商业价值。该模型还能够评估结构中采用先进抗震系统的环境和经济效益、生命周期碳排放量的降低、未来预期的损伤，以及在建造时解决这些风险的成本效益。对于细长结构或

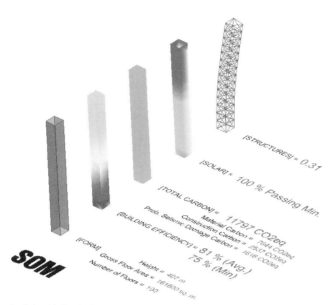

评估多设计变量的参数化城市模型

者具有复杂几何形状的结构，可以考虑相互连接或其他几何形状调整的优点，交互式地对参数进行评估。

这些模型可以用来进行更精细的结构分析，以确定结构布置，在做功抵抗荷载时消耗最少能量。要实现能量最小化，应通过统筹布置材料使得力和变形尽可能均匀地分布在整个结构中。作用力在结构形式中以最简单和最短的荷载路径自然流动。拓扑优化技术可用于显示结构响应，以定义最有效的材料布置。

参数化城市建模可以在区域或城市范围内进行。可以校准模型以显示净可用面积小于最低目标值的区域，此处为总建筑面积的 75%（塔楼底部附近的较暗区域）。总面积的 75% 通常是建筑物经济可行的最低目标值。该净面积是在扣除结构、电梯、楼梯和机电设备（包括机械/电气/给排水管道）之后剩余的面积。参数化建模系统对于建筑的业主尤为重要，他们为已建成房产的租赁或销售而开发类似系统。

在区域或城市范围内，可以基于建议或预期的建筑材料类型、几何形状和场地条件来交互地评估规划对环境的影响。功能类型在总体规划中起着重要作用，因为在比较办公室、住宅和混合使用功能时，建筑系统和结构的要求会有所不同。

评估建筑物净可用面积的参数化城市模型

12.4.4　未来的流变建筑

　　结构的周边外皮是考虑建筑、结构和建筑设备系统之间的流动和交互的最佳机会。每年数亿平方英尺的使用面积采用幕墙封闭，幕墙系统可以保护构件，并使内部空间可以安全舒适地使用。与外墙和屋顶系统集成的闭环结构系统（包括充满液体的结构构件）可以作为热辐射器，白天用太阳能加热，然后可以用于建筑设备系统，例如热水供应或晚间室内供热。太阳能收集系统可以集成到网络中，并与双层外墙系统一起使用，从而可以在寒冷气候中加热内部空间。

　　可以将透明的光伏电池引入玻璃和窗间墙区域以进一步捕获太阳能。当将流体存储在很高的结构体系中时，网络管道内的压强很高。利用这种压强，结构内或相邻较低结构的供水系统可以很容易实现，

保利国际广场效果图，
中国北京

而不需要额外的能量来输送水。持续的低流量水流或低凝固点材料在
这些系统中流动可以防止液体冻结。

保利国际广场的结构体系类型有可能在未来实现内置液体。互连
系统内的液体在风和地震作用时将通过液体流动提供阻尼，控制结构
的振动。如果运行期间的关键时刻对封闭单元进行分隔，则高压液体
可显著增加受压构件的轴向刚度和稳定性（加压水管效应）。超高压应

保利国际广场施工中，中国北京

状态变化——固体变为液体或液体变为固体

力下的液体与超高强度抗拉材料（例如碳纤维制成闭合圆形）结合在一起，主要通过环向应力来抵抗荷载，有可能最大效率地抵抗荷载。

　　流动的概念可以在结构中进一步发展，成为交互式监控变形的结构。通过测量由地震或风引起的加速度，结构可以改变系统内的液体状态来做出反应。例如，结构可以使用吸热反应将封闭网络内的液体变成固体。传感器装置可以告知结构组件即将发生的荷载需求，在构件即将承受高压缩荷载并可能发生屈曲时启动液体的状态变化。例如，系统内的水可以冷冻以获得额外的结构刚度。

　　磁流变或电流变（ER）流体可用于改变黏度，因此除了改变阻尼特性之外还可改变密闭容器的刚度。当受到磁场作用时，磁流变流体的表观黏度大大增加，并且可以变成黏弹性固体。当受到电场作用时，ER 流体能够可逆地改变其表观黏度，从液体快速转变为胶体并再次恢复。

12.5　自维持的塔楼

　　也许在不远的将来，将会设计和建造一些塔楼或至少一座塔楼，不仅可以达到美国建筑师协会（AIA）2030 挑战赛定义的净零能耗，而且还可以实现自维持。该目标将取消所有通常采用的市政设施服务连接，例如电力、制热和制冷燃料、水、电信和垃圾。理想情况下，塔楼应超出自维持的范围，并通过分配多余的电力或提供清洁水来为区域或城市做出贡献。

最终，结构将存在于一种真正的均衡状态，其中消除了对其他资源的连结依赖，并且可能再生资源。建筑物将变得自维持，或者可能助力环境而不是挑战它。

12.5.1 多功能结构系统

未来高层建筑中的结构应设计为具有两个或更多功能。例如，结构体系可以用做加热和冷却建筑物流体的导管。可以将结构与外墙系统精心集成，从而消除外表皮的构件。

可以控制设备的打开和关闭来控制直射阳光。散热器概念可用于在冬季加热流体、夏季冷却流体。如果在这些系统中使用水，那么它也可以用于从消防、灌溉到作为阻尼系统控制建筑物振动的任何事情。这不是原创概念，过去已成功使用过。例如，50多年前，加特纳（Gartner）兄弟将这个系统整合到位于德国贡德尔芬根（Gundelfingen）的外墙制造工厂设计工作室。冷辐射等新技术为这种系统带来了新的契机。

150m（292ft）高的北京保利国际广场为考虑这样一个系统提供了基础。虽然开放式管道系统最终填充了混凝土以增加抗震韧性，但这种完全封闭的系统有可能用作管道来容纳液体，比如水。

保利国际广场钢管及外墙系统，中国北京　　保利国际广场钢管及外墙系统，中国北京　　预制钢管节点，保利国际广场，中国北京

12.5.2 自维持的进展

12.5.2.1 净零能耗设计

71 层、309m（1013ft）高、建筑面积 213700m²（2300000ft²）的珠江城大厦是中国广州能效最佳的超高层建筑之一。该建筑按净零能耗设计，集成了太阳能电池板、双层幕墙、冷辐射机电系统、地板下送风以及用于将阳光投射到使用空间深处的日光利用系统。凭借这些集成系统的综合优势，与满足当前建筑规范要求的类似建筑相比，在制冷、泵送、风机和照明方面降低了 58% 的能源消耗。

珠江城大厦，中国广州

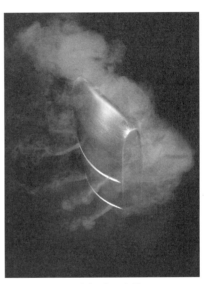

珠江城大厦风场测试，中国广州

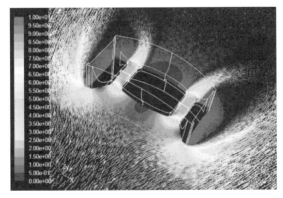

计算流体动力学 / 气流分析，珠江城大厦，中国广州

外墙

珠江城大厦的设计融合了动态高性能建筑围护结构，提供卓越的热工性能，控制太阳辐射，并优化日光进入室内空间的透射率。东西立面使用配有外部遮阳的单元式镀膜玻璃幕墙。外部玻璃是双层 Low-E 高性能玻璃，在低透热和高透明度之间提供最佳平衡。

光伏系统策略性地集成到位于东西立面的外部遮阳系统中，以便从太阳获取能量并保护塔楼免受太阳辐射的影响。

建筑性能受到北部和南部立面的严重影响。在剖面图中，这些外墙为双层幕墙，300mm 厚的单元幕墙在两层玻璃之间有 240mm 通风空腔。外层为 Low-E 镀膜的中空玻璃单元，内层为单片玻璃。

设备

辐射冷吊顶系统对使用空间直接提供显冷却，将显冷却负荷与潜冷却负荷分开。辐射冷吊顶系统与新风系统（DOAS）、地板下送风相结合，改善了换气效果和室内空气质量。

光伏电池板与外墙遮阳系统相结合，珠江城大厦，中国广州

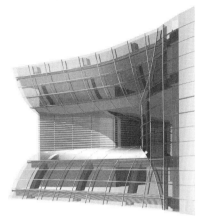

造型风槽，珠江城大厦，中国广州　　珠江城大厦造型风槽中的风力发电机，中国广州

阳光

珠江城大厦采用与通风空腔幕墙系统相结合的日光响应控制，可以在日光增强时自动降低人工照明水平。

动力

建筑物的标志性造型允许风穿过结构，同时通过逐渐变窄的开洞增加风速。这些增加的气流速度用于驱动大型竖轴风力涡轮机为建筑物提供电力。归功于精确成形的洞口，风速可放大至 2.5 倍。

12.5.2.2　高于净零能耗的性能

了解和利用高层塔楼的环境条件是自维持的关键。现场的风不仅可用于发电，还可用于控制建筑性能，或两者兼而有之。塔楼中沿着建筑高度开洞可以同时实现：

1. 允许风穿过建筑物，减少受风的表面积，同时使横风向动态响应最小化。
2. 允许在每个开洞位置发电。结构开洞直径减小，增大了风速和发电功率。
3. 结合机翼概念，通过在结构的背风侧产生向上的力，可以抵抗倾覆弯矩。
4. 采用导风板将风导入冷却系统，提供冷却水池上方的换热气流。

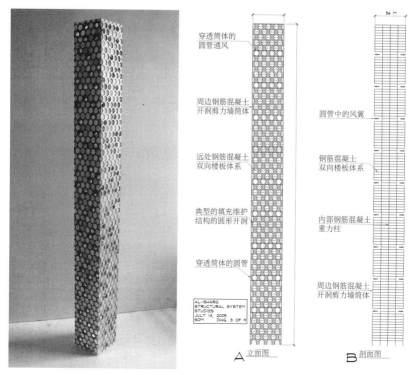

采用风槽概念的高层塔楼

立面 - 风槽概念 - 开洞和风翼

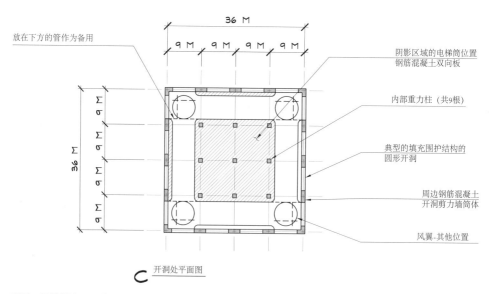

平面 - 风槽概念 - 开洞和风翼

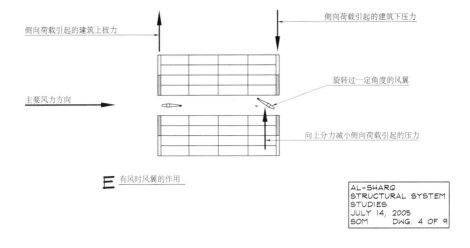

侧向荷载引起的建筑上拔力

侧向荷载引起的建筑下压力

主要风力方向

旋转过一定角度的风翼

向上分力减小侧向荷载引起的压力

E　有风时风翼的作用

```
AL-SHARQ
STRUCTURAL SYSTEM
STUDIES
JULY 14, 2005
SOM    DWG. 4 OF 9
```

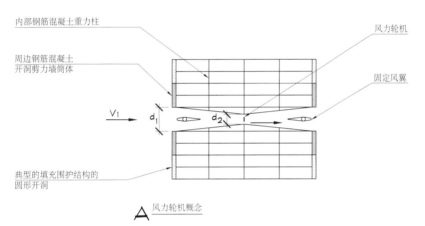

内部钢筋混凝土重力柱

风力轮机

周边钢筋混凝土
开洞剪力墙筒体

固定风翼

V_1　d_1　d_2　r

典型的填充围护结构的
圆形开洞

A　风力轮机概念

（上）局部立面 – 风翼在风中激活
（下）局部立面 – 风翼和风力发动机概念

12.5.3　实现自维持和韧性的优化系统

　　可以对高层建筑内的大多数组件进行系统优化。对于设备系统，这种优化可能与系统效率有关。对于外墙系统，它可能与吸收能量同时控制热增量有关。对于结构，选择性地将材料分布在建筑中使得材料高效利用，将使碳排放量最小化。通常优化结构设计以实现建筑的最大刚度，并用侧向系统的柔度或建筑物顶部的位移来衡量。因此，所得到的设计是对于一定体积的材料，满足重力和侧向荷载（风和地震）下的性能要求、刚度最大的结构。

优化支撑框架，中信金融中心，中国深圳

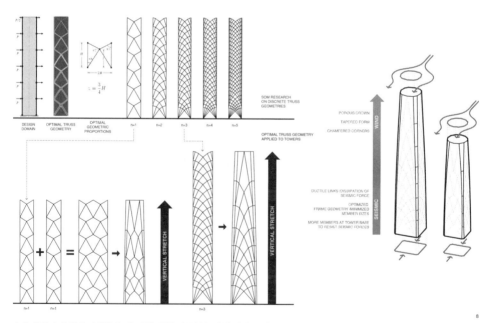

中信金融中心优化支撑框架体系从理论到设计概念的演变，中国深圳

从理论到结构体系概念的演变

最佳几何构形通常在弹性材料的假设下得出，这对于风荷载和相对短重现期的地震是准确的。然而，当考虑长重现期地震时，结构将超过弹性极限，在刚度大的侧向体系中应该采用延性构件以确保能量耗散，从而减小结构受到的地震荷载。

地震保险丝可以通过类似于偏心支撑框架的常规延性钢连梁，或者改进的连梁保险丝节点来保护主结构免受永久损坏。常规延性钢连梁设计为在强烈地震期间发生屈服，而连梁保险丝节点使用夹紧的销轴连接，通过节点的滑动摩擦耗散能量。

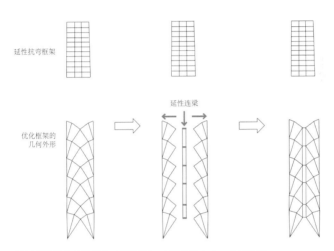

抗震保险丝连接的优化支撑框架，中信金融中心，中国深圳

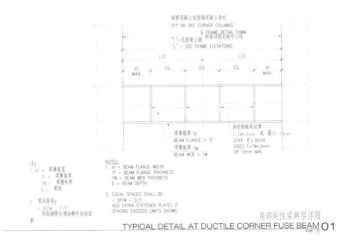

传统的延性抗震钢连梁

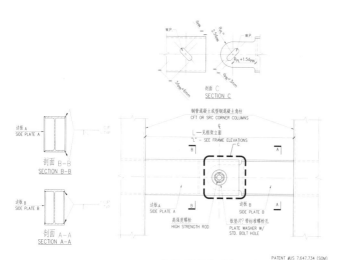

角部延性梁典型详图 - 备选方案：保险丝连梁
TYPICAL DETAIL AT DUCTILE CORNER FUSE BEAM - ALTERNATE OPTION: LINK-FUSE JOINT *02

未来延性连梁采用连梁保险丝抗震节点

中信金融中心效果图——办公、酒店和居住功能

　　从概念上讲，这些系统模仿植物的行为，树干通过从地面到顶部的主动运动将水竖直输送到树枝和树叶。对于这种结构，原理是相同的，只是水代之以力，来自地面的主动流体代之以来自地上结构的抵抗力，楼面结构的地震力或施加到每个楼层的风荷载传入支撑框架直到基础。当这些力接近地面时，剪切和倾覆弯矩会增加，结构的密度也会增加。结构可以具有多种功能并且具有韧性，能够在强烈地震中仅发生最小的损伤、保持弹性，在风和频遇地震下具有最佳的性能。

术语

Acceleration 加速度 速度随时间的变化率。在高层建筑设计中，风引起的加速度通常用 milli-g 也即千分之几重力加速度来表示。

Acceptance criteria 可接受标准 所建立的结构中承载力利用率限值、楼层位移角限值、应力限值的标准。

Across-wind motion 横风向运动 结构在垂直于风荷载方向上的运动。

Aerodynamics 空气动力行为 围绕各种形状的物体的空气流动。

Aero-elastic structural modeling 空气弹性结构模型 用于风洞试验的模型，考虑了实际的建筑结构特性，包括几何形状、质量、刚度和阻尼。用于在风洞试验中直接测量位移和加速度。

Allowable stress design 容许应力设计 基于在材料不发生永久或塑性变形的条件下所能抵抗的荷载计算结构材料承载力。正常使用荷载下的应力不超过材料的弹性极限。也称为许用应力设计。

Along-wind motion 顺风向运动 沿着风荷载方向的结构运动。

Aspect ratio 高宽比 结构高度相对于底部最小平面尺寸的比值。

Axial load 轴向荷载 沿构件或体系的轴向施加的荷载。

Axial stiffness 轴向刚度 结构中承受轴向荷载构件的刚度 - 对于连接在核心筒和柱之间的伸臂桁架的有效性非常重要。

Bamboo 竹子 具有数学上可预测的生长模式、一致的结构特性、自然生长快速的植物。

Base ten logarithm 常用对数 给定数值对于给定底数（10）的对数，是底数进行幂运算或指数运算得到给定数值所需的幂次。

Beam-to-column 梁柱节点 梁与柱连接的节点。

Belleville washers 贝勒维尔垫圈 用于节点滑动后保持螺栓拉力

的可压缩碟形垫圈。

Belt shear wall–stayed mast 剪力墙–伸臂体系　中央钢筋混凝土剪力墙与周边柱或框架通过伸臂桁架或者伸臂墙相互连接。

Belt truss 带状桁架　用于将周边柱连接在一起的钢桁架，通常用于将荷载从伸臂桁架传递到周边柱。

Bending moment distribution 弯矩分布　沿结构高度的弯矩分布。

Binary digits 二进制数字　数字 0 和 1。

Boundary conditions 边界条件　结构的支承条件，必须与施加的荷载一起考虑。

Building service systems 建筑设备系统　通常包括高层建筑所需的机械、电气、给排水和电信等系统。

Bundled frame tube 束筒结构　结构内部采用成束或成组的框架筒体 - 在建筑物几何形状转换位置常采用环带桁架。

Bundled steel tubular frame 钢结构束筒　钢框架筒集成和互连组成的结构。

Buttressed core 扶壁式核心筒　一个强大的中央核心筒，具有三个翼，在平面上形成三脚架形状。每个翼都支撑着另外两个翼。

Cellular concept 蜂窝概念　在结构内部平面中布置框架以形成蜂窝的几何形状。

Chevron or k–braced truss Chevron 或 K 形桁架　几何形状为水平 K 形的桁架 - 通常用于核心筒或伸臂桁架。

Clad structural skeletons 围护结构骨架　诸如框架或墙之类的系统，为建筑结构的外层表皮或幕墙系统提供主要支承。

Code–defined 规范定义的　由适用规范专门定义的设计要求。

Column tributary area 柱从属面积　由竖向柱支承的楼面结构面积。

Composite 混合　高层建筑结构中通常指钢和钢筋混凝土的组合。

Composite frame 混合框架　由结构钢和钢筋混凝土组成的柱和梁的框架。

Compressible（soil）layers 可压缩（土）层　在受到压缩荷载时易发生变形的土层。

Concentric braced frames 中心支撑框架 结构中的斜撑与框架相交于同一节点，没有偏心。

Concrete diagonal braced frame 混凝土斜撑框架 钢筋混凝土支撑框架，其中框架柱之间的板块填充以形成对角线形式。

Cost-benefit analysis of structures 结构的成本效益分析 对于旨在提供更好性能的结构系统或设备，考虑其初始成本相对于长期成本进行评估。

Creep 徐变 材料在应力影响下持续变形的趋势。

Creep effects 徐变效应 固体材料（此处为土壤）受到持续荷载作用时，在应力影响下持续缓慢移动或变形的趋势。

Culm 竹竿 竹子的茎或主干－除了在节点或隔膜位置，通常是空心的。

Curtain wall system 幕墙系统 用于封闭结构并抵御如风、湿气、阳光等自然因素的外墙系统。幕墙系统不能用于支承建筑框架结构。

Cyclic behavioral 往复作用 结构承受的往一个方向作用然后反向的荷载或位移。

Damping ratio 阻尼比 使振动幅度衰减的效应。通常表示为临界阻尼的百分比。提供阻尼的建筑构件包括隔墙和天花板等非结构构件、结构本身、空气动力行为等。

Dead load 恒荷载 不随时间变化的静力荷载，通常指结构的自重。

Design criteria 设计条件 描述结构系统、预期地面震动、规范参考和性能目标的条件。

Design earthquakeDE 设防地震 强度为 MCE 的 2/3，通常在 50 年内超越概率 10% 或重现期为 475 年的地震。

Design loads 设计荷载 用于设计高层建筑的荷载－可能是持续的或短暂的。针对特定建筑构件和系统，设计荷载包括重力、风、地震、温度、雪以及其他荷载。

Design spectral response acceleration 设防反应谱加速度 依照 475 年重现期地震确定，相当于该场地最大考虑地震反应谱加速度的 2/3。

Detailing 细部构造　特殊的结构设计和构造要求，用于传递所受荷载，使得主要构件充分发挥其强度和刚度特性。通常是指建筑物框架的连接节点，是抗震结构设计的关键内容。

Diagonal braces 斜支撑　结构内倾斜放置的支撑用以抵抗荷载。

Diagonal mesh tube frame 斜网格框架筒　一种钢筋混凝土框架，由小的重复性的斜构件组成－通常位于结构的周边并具有重复性特征。

Direct positive pressure（windward faces）直接正压力（迎风面）　风速在垂直于风向的一个或多个表面上产生的压力。

Direct tension indicators 直接拉力指示器　通过垫圈上突片的变形来指示螺栓拉力的垫圈。

Ductility 延性　结构系统耗散能量而避免失效（例如结构钢受弯屈服发生永久变形而不断裂）的能力。

Dynamic 动力的　发生运动，外力产生的运动。对于承受风力的结构，是指由流体（空气）流动的变化引起的结构响应。

Dynamic properties 动力特性　结构的自然属性，包括质量和刚度。

Earthquake force 地震力　地震地面运动使结构承受的力。

Eccentrically braced frame 偏心支撑框架　支撑框架，其中斜撑的作用点在水平构件处不交汇。

Effective seismic weight 有效地震重量　在地震分析中考虑的恒荷载和活荷载。

Elastic drift 弹性侧移　施加的荷载尚未导致永久变形时结构的位移，允许结构返回其初始未变形位置。

Elastic shortening 弹性缩短　荷载导致的结构构件长度减小。移除荷载后，构件将返回其未变形的形状。

Emergence theory 涌现理论　涌现或自组织是具有单一和共性特征的简单个体之间的相互作用，所有个体按其自身的简单规则运作，导致总体的复杂行为，没有明显的中央控制力。

Enhanced performance objectives 增强的性能目标　针对地震动输入、组件或系统提出的高于规范的目标，以在地震中实现更好的结构性能。

Enhanced seismic systems 增强的抗震系统　结构系统所采用的技术可以在地震中带来更优的结构，从而实现更高的性能和更少的破坏。

Environmental Analysis Tool™ 环境分析工具™　用于确定结构的碳足迹、成本效益和生命周期的计算器。

Exterior diagonal tube 周边支撑筒　斜撑构件在结构周边形成一个筒体结构。

Exterior frame tube/tubular frame/framed tube 周边框架筒 / 筒状框架 / 框筒　密柱框架，其平面柱距通常与层高相近。

Faying surface 接触表面　具有特征摩擦系数的两种或多种材料之间的接触界面。

Fibonacci Sequence 斐波那契数列　基于二进制数创建的逻辑序列；该序列以 0 和 1 开头，其后的每个数字都等于其前面两个数字的和。

Five Ages of the Skyscraper 摩天大楼的五个时代　摩天大楼的五个时代或发展阶段，始于芝加哥大火之后的第一芝加哥学派建筑，然后经过钢材等新材料的使用、现代主义、后现代主义，最后是新的时代，其特征是考虑结构性能、材料类型、施工实践、蕴含能量以及用综合方法实现集成统一的建筑。

Floor-to-floor height 楼层高度　从某层楼板到相邻楼层楼板的总竖向尺寸。

Force distribution in indeterminate structures 超静定结构中的内力分布　由重力或侧向荷载（风或地震）在结构框架内引起的力的分布。超静定结构是那些无法通过工程静力平衡方程求解的结构。静力平衡指的是一种平衡状态，其中所有物体静止、力被抵消或相互平衡。在确定超静定结构内力分布时，必须考虑构件的刚度。

Force flow 力流　整个结构内部力的流动。

Force-balance structural modeling 力平衡结构建模　模拟建筑形状的体块模型放置在预期风环境及边界层中，包括周边地形和建筑结构，测量由施加的风荷载引起的倾覆力矩，并将其应用于考虑了构件刚度、质量和预期阻尼的结构分析模型。

Form and response 形式和响应　可以带来最有利的响应的几何

形状。外形收分和结构布置是减少风和地震需求的关键。

Fragility curves 危险性曲线　数学曲线，用于定义结构系统在承受大的位移和荷载时的性能－用于结构的风险评估。

Frame-shear wall 框架－剪力墙　框架和剪力墙的组合。

Frequent or service level earthquake 频遇或正常使用水平地震　30 年超越概率 50%，或重现期 43 年的地震。

Friction-type 摩擦型　按摩擦来确定承载力的连接。

Fundamental period of vibration 振动基本周期　结构振动的最长周期（或最低频率）。也称为第一或主要振型。

Genetic algorithm 遗传算法　计算中用到的搜索技术，用于查找优化和搜索问题的精确或近似解。

Gravitational acceleration 重力加速度　重力引起的加速度（9.8 m/s²）。

Gravity loads 重力荷载　由于结构的自重（基于所用材料的密度）或作用于结构的附加荷载（恒荷载或活荷载）而导致的荷载。

Gross floor area 总建筑面积　外墙外皮以内的总楼面面积，不考虑通常的开洞（竖井、建筑设备开洞等），但要减去大的开洞区域如中庭。

Growth patterns 生长模式　在自然界中观察到的具有结构特征的自然生长模式。

Hand calculation techniques 手算技术　考虑物理学和数学的基本原理，不使用计算机而进行的手动计算。

Helical formation 螺旋构造　基于螺旋的形状的几何定义。

Higher compressive strengths 高抗压强度　混凝土的抗压强度通常通过混凝土配合比中增加水泥量来实现。通过对素混凝土圆柱或立方体的破坏性试验来确定。通常以每单位面积材料的承载力表示，并按浇筑后 28 或 56 天指定 / 测试。

Horizontal force distribution 水平力分布　楼层水平力沿结构高度的分布。

H-piles，precast piles，steel pipe piles H 形桩、预制桩、钢管桩　打入 / 压入桩，包括 H 形钢、预制混凝土桩和端部开口或封闭的钢管桩。

Inelastic drift 非弹性变形　当施加的荷载导致结构永久变形时，

此时的变形为非弹性变形。

Inertial forces 惯性力 地震期间地面使基础运动从而在结构中产生的力。

Initial loading 初始加载 通常指上部结构的自重。

International Building Code 2012（IBC 2012）2012 年国际建筑规范（IBC 2012） 由国际规范委员会制定的模式建筑规范，已被美国大多数建筑主管部门采用。

Inter-story drifts 层间侧移 施加的荷载引起的结构的一层相对于另一层的相对位移。

kPa 千帕 1000 帕斯卡。

Lateral loads 侧向荷载 通常是由于风或地震活动等临时事件造成的侧向荷载。

Life-cycle 生命周期 给定场地和荷载条件下结构的预计寿命。

Limit state 极限状态 采用统计方法来确定结构构件或体系设计所要求的安全水准。

Link-Fuse Joint™ 连梁保险丝节点™ 一种获得专利的地震消能装置，使用摩擦"保险丝"在地震期间消耗能量 – 使用销轴、蝶形连梁钢板节点、黄铜垫片和高强螺栓。

Live load 活载 临时荷载，通常持续时间较短。通常包括使用荷载或雪荷载。

Load and resistance factor design（LRFD）荷载和抗力系数设计法（LRFD） 与极限状态对应，应用统计学来确定结构构件或体系设计所要求的安全等级。众所周知，它已经在钢结构设计规范中取代了容许应力设计法。

Logarithmic spiral 对数螺旋 基于对数做的数学定义，描述自然界中发现的几何构形，包括贝壳、种子、植物、蜘蛛网、飓风和星系。

Long-term loads 长期荷载 结构上的持续荷载，如恒荷载和外墙系统等附加恒荷载。

Mat foundations 筏型基础 将荷载从上部结构分布到土壤的基础系统，面积通常比扩展独立基础大得多。通常由钢筋混凝土构成并支承多个竖向受力构件如柱或墙。

Maximum amplitude of oscillation 最大振幅　振动变量、地面运动的最大变化幅度。

Maximum considered earthquake(MCE)最大考虑地震(MCE)　通常在 50 年内超越概率 2% 或回归期为 2475 年的地震。

Maximum considered spectral response acceleration 最大考虑反应谱加速度　由 2475 年地震事件引起的场地最大反应谱加速度。

Mechanism 装置　此类结构的连接接头可以移动而不会引起材料永久变形。

Mega–column 巨柱　尺寸巨大的柱，通常用于重力荷载集中的结构体系中，或者用于需要高的轴向抵抗能力的伸臂桁架体系，或两者的结合。

Mega–core shear walls 巨型核心筒剪力墙　通常位于中央区域的大型钢筋混凝土核心筒，设计用于抵抗大部分荷载，可以通过伸臂体系与周边柱或框架相互连接，也可不相互连接。

Mega–frame concept 巨型框架概念　通常延伸到结构的多个楼层的框架。

Mill scale 轧钢鳞片　典型轧制加工后留下的钢材表面。

Mitchell Truss 米歇尔桁架　安东尼·米歇尔的数学推导，定义了具有两个支座、承受侧向荷载的完美桁架的几何形状。

Modal analysis 模态分析　振动激励下结构动力特性的研究。

Modular tube 单元式筒体　一种框架筒，分布在结构的周边和内部。

Modulus of elasticity 弹性模量　材料中应力与应变的线性关系，衡量材料在受到荷载时发生弹性变形的趋势。

Moment of inertia 惯性矩　是横截面的一个特性，当结构受到绕着横截面内轴线的弯曲或挠度时，可用于预测其抵抗能力。

Moment resisting 抗弯框架　具有刚接梁柱节点的框架，用于抵抗侧向荷载。

Morphogenetic planning 形态学规划　使用先进的计算机模拟技术来模拟建筑物、城区和城市设计中的多个参数。这些参数包括但不限于形式、结构、蕴含的碳和空间使用效率，同时考虑朝向，包括受到的日照和太阳能获取。

Natural period of vibration 自振周期　当给定水平（或竖向）位移时，结构完成一个完整振动循环所需的时间，指的是第一、基准或主要振动模态。

Net floor area（NFA）净建筑面积（NFA）　除建筑设备所需面积后剩余的建筑面积，需从总建筑面积中减去电梯竖井面积、结构、机电竖井和楼梯面积。

Net tension 净拉力　由于轴向荷载或弯矩而使拉力大于压力，从而在构件或体系上产生的力。

Net-zero 净零　在考虑的时间段内，消耗的能量与产生的能量相等。

Non-prescriptive design 非规范性设计　考虑建筑设计规范的一个或多个例外的设计方法。此设计方法必须证明与规范的等效性。

Occupancy importance factor 用途重要性系数　此系数适用于因其用途而需要特殊考虑的结构（例如急症护理医院）。

Optimal structural typology 最佳结构拓扑　将结构系统作为膜，通过优化分析以确定需要最大结构材料密度的区域。

Optimization 优化　用于计算特定荷载和边界条件下所需的最少材料的分析技术。

Optimized systems 优化的系统　基于能量原理设计的结构体系，其中布置材料以获得最佳荷载响应（例如采用最少材料获得最大刚度）。

Oscillatory response 振荡响应　运动物体的往复响应。

Out-of-plumb 非竖直的　对纯竖直状态的偏离。

Outrigger truss 伸臂桁架　钢桁架，用于在支撑框架或混凝土剪力墙核心筒与柱之间分担荷载，以抵抗侧向荷载引起的倾覆。

Outrigger truss system 伸臂桁架系统　结构钢桁架，用于将结构的核心筒与周边框架或柱子互连，以抵抗施加的侧向荷载。

Overstrength factor or seismic force amplification factor 超强系数或地震力放大系数　应用于结构构件的系数，使其在设计地震动下保持弹性以确保体系整体性。

Overturning 倾覆　由于施加的荷载导致结构倾倒的趋势。

Peak ground（or maximum）acceleration **峰值地面（或最大）加速度**　地面运动导致的地面物体的加速度。

Perfect tube **理想筒体**　通过使用密集网格筒体概念使得所有构件承受拉力或压力、基本消除了弯矩的结构体系。通过密集的斜撑构件基本上消除了筒中的剪力滞后。

Performance-based design **基于性能的设计**　一种专注于高层建筑抗震性能的设计方法，包括基本自振周期长的结构，高阶振型质量参与高、对侧向力影响大的结构，以及高宽比相对较大的结构（细长体型）。该过程通常可以更好地理解结构性能，但不会导致更好的性能，除非使用特定的更高的性能目标（建筑规范中定义了最低目标），这些性能目标可针对地面运动输入、组件或体系提出。

Period **周期**　结构一次完整振荡所需的时间。频率的倒数。

Pile cap **桩承台**　用于将荷载从上部结构传递到桩系统的结构构件。通常由钢筋混凝土构成。

Piles or caissons **桩或沉箱**　垂直或有时倾斜的承载构件，用于将荷载传递到地面以下的合适土层。通常通过端承力及桩或沉箱与土之间的摩擦力来传递荷载。桩的长度根据施加的荷载和土质条件而变化，可以从几英尺到几百英尺不等。

Pin-Fuse Frame™ **销轴保险丝框架**　一种获得专利的框架减震装置，使用摩擦型"保险丝"在地震期间消耗能量 - 梁端节点采用销轴和圆弧钢板螺栓布置，斜撑采用黄铜垫片、长槽孔，以及高强螺栓。

Pin-Fuse Joint® **销轴保险丝节点**　一种获得专利的框架减震装置，使用摩擦型"保险丝"在地震期间消耗能量 - 使用销轴、圆弧形钢板、黄铜垫片和高强螺栓。

Pinned joints **铰接节点**　使用销轴来消除节点的抗弯能力。

Pinned-truss concept **铰接桁架概念**　使用销轴允许桁架发生端部相对位移。

Pre-consolidated **预固结**　土体受荷载作用而随时间变形，通常与黏土相关，当承受压力时土壤随着时间的推移而"压缩"。

Pressure grouting **压力灌浆**　一种用于加固土层的技术。通常将水泥浆注入土壤中以增加强度并降低沉降。

Pressure tap modeling 测压管模型　风洞试验期间设置在塔楼物理模型的设备或测压管，用于读取施加到建筑物局部表面的实际压力。

Prestress 预应力　在结构上施加荷载以产生初始应力状态，通常用于抵消其他施加的荷载。

Prestressed frames 预应力框架　使用预应力来平衡框架中的荷载，提供强度和挠度控制。通常用在钢筋混凝土结构中，但可以用在钢结构或组合结构中。

Probability of exceedance 超越概率　在指定回归期内被超越的统计概率。

Probable Maximum Loss（PML）可能的最大损失（PML）　指定水平地震后预计的经济损失金额。

psf － 磅每平方英尺。

Quadratic formulation 二次方程　二次多项式方程 － 用于结构工程力学。

Radiated energy 地震辐射能量　在地震期间，储存的能量发生转换，导致岩石开裂 / 变形、发热和辐射能量。辐射能量仅代表地震中转换的总能量的一小部分，是地震仪上记录的地震能量。

Rational wind tunnel studies 理性的风洞研究　风研究中使用建模技术，考虑建筑物实际属性、场地条件和历史风数据。

（Reduced beam section（RBS）/dogbone connection 梁截面削弱（RBS）/ 狗骨式节点　这种节点在柱边缘外侧的框架梁中通过切除部分翼缘而减小梁横截面积。

Redundancy 冗余度　（a）为力在结构内传递提供多个荷载路径。如果构件或节点由于过载而失去其强度，则其他构件和 / 或节点将参与抵抗作用力并且减少结构局部或整体连续倒塌的可能性。（b）关键结构部件的备份，以提高整个结构体系的可靠性。

Reinforced concrete 钢筋混凝土　水泥、砂、骨料、水、添加剂（包括速凝剂、塑化剂、缓凝剂等）的拌合物，与钢筋或后张预应力筋共同使用。速凝剂加速混凝土的凝结硬化（水泥和水发生水合作用的化学过程），可在寒冷天气混凝土浇筑时使用。缓凝剂减缓了浇筑的混凝土的凝结硬化，可在炎热天气混凝土浇筑时使用。

Relative displacement 相对变形　结构构件之间的差异变形，通常在楼层中的柱或墙之间。

Reliability/redundancy factor 可靠性 / 冗余系数　用于计算特定结构系统的地震力的系数，以考虑可靠性 / 冗余度。

Resonance 共振　结构在某些周期 / 频率而不是其他周期 / 频率以较大振幅振动的趋势。当结构振动的周期接近其自然周期时，加速度可显著增加四到五倍。

Response modification factor 反应修正系数　考虑特定结构系统的修正系数。该系数随着体系延性而增加。例如，抗弯钢框架具有比支撑钢框架更高的响应修正系数。

Response spectrum（spectra）反应谱　地震地面运动产生瞬态而非稳态输入，因此反应谱图形代表了一系列具有不同固有频率或周期的振动的峰值响应（加速度、速度或位移），这些振动都由相同的地面振动或冲击所引起。得到的反应谱图形用于确定具有特定自振周期的结构的响应，假设体系是线性的（在荷载作用下结构没有永久变形）。反应谱可用于评估多模态振动（多自由度系统，包括建筑物，因为其有多个质量点即楼层），这仅对低阻尼（大多数建筑物）是准确的。进行模态分析以得到其振型，并从反应谱获得每个振型的响应，然后将每个峰值响应进行组合以获得总响应。这些响应的典型组合方法是通过平方和的平方根（SRSS），条件是模态频率不接近。

Rheological buildings 流变建筑　结构中的材料发生从液体到固体的状态变化，通过改变内部刚度来改变其特性的系统。

Rigid diaphragms 刚性隔板　水平结构系统，通常由混凝土楼板将结构系统相互连在一起。

Rigid frame 刚性框架　采用刚接节点的抗弯钢框架、混凝土框架或组合框架。

Screen frames 密肋框架　钢、混凝土或组合结构框架，可以与结构的外皮或类似物一起抵抗侧向荷载 – 可具有不对称的填充板。

Seismic base shear 地震基底剪力　由于地震活动而施加在结构底部的力。该力会沿着结构高度分配。

Seismic response coefficient **地震反应系数**　根据反应谱加速度、与结构体系相关的反应修正系数、用途重要性系数而确定的系数，该系数与结构重量相乘得到地震基底剪力。

Seismic zone factor **地震区划系数**　与预期地面加速度区划相关的系数。

Seismometer **地震仪**　用于测量和记录地面运动的仪器。

Self-reflection **自适应**　设计结构使其通过被动或主动系统针对所施加荷载的自我响应。根据施加的荷载改变结构的特性。

Self-sufficiency **自维持**　能够自给自足、不依赖外部能源或水源的建筑。嵌入式系统能够处理废物。系统完全脱离市政基础设施网络。

Semi-rigid frame **半刚性框架**　采用具有部分刚性的节点的抗弯钢框架，允许在受荷载时发生一定转动。

Sensory fields **感应场**　传感器场，包括加速度计和风速计，用于指示城区或城市范围内的自然力流。建筑结构的高等分析模型与感应场相互作用，可以实时感知力和力的方向。

Service area **设备区域**　通常是核心筒内的区域，包括楼梯、电梯、机电房等。

Serviceability **正常使用性**　结构的性能参数，包括但不限于侧移、阻尼、加速度、徐变、收缩和弹性缩短。

Serviceability including drifts and accelerations **正常使用性包括侧移和加速度**　除结构强度以外的结构性能，主要与风导致的侧向荷载有关。侧移是结构在侧向荷载作用下发生的位移（楼层之间或沿结构高度）。外墙系统、建筑隔墙、电梯井道等的设计必须考虑此变形。加速度是由施加在结构上的侧向荷载引起的，由于建筑居住者对于运动的感知，加速度必须进行考虑。

Settlement and differential settlement **沉降和差异沉降**　土体受荷载时的位移。由于不对称的荷载或不同的土壤条件，基础体系的沉降可能不同。

Shear keyways **剪切键槽**　地下连续墙中的连续垂直槽，以将土体施加的剪切荷载从一个板块或区段传递到下一个。

Shear lag **剪力滞后**　通常在筒体或网格筒体结构中，向垂直于加载方向的结构表面上的柱子传力不充分。

Shear load 剪切荷载 与构件或体系轴向垂直的荷载。

Shear truss 支撑框架（剪切桁架） 通常位于建筑核心区域的支撑钢框架（竖向钢桁架），旨在抵抗侧向剪力。

Shear wall-composite frame 剪力墙 – 混合框架 钢筋混凝土剪力墙核心筒与混合框架相结合，混合框架包括由结构钢和钢筋混凝土组成的柱和梁。

Shear wall buttressed core 扶壁剪力墙核心筒 采用类似于扶壁墙的核心筒的结构体系。

Shim 垫片 在两种其他材料之间使用的材料，用来填充间隙或提供可预测的摩擦系数。

Shrinkage 收缩 在混凝土中发生的现象，其体积在水化 / 硬化过程中减少。

Simplicity 简洁性 高层建筑设计的形式简单和概念纯粹，其中对称性、质量均匀性和力流控制使得材料用量最少和对环境影响最小。

Skin friction 侧摩阻力 桩或沉箱表面与邻近土体之间产生的摩擦。

Slip-critical 摩擦型 通常是指滑动临界值很重要的螺栓连接。

Slurry walls 地下连续墙 通常采用膨润土泥浆施工的基础体系。通常从地表挖出沟槽并充以膨润土泥浆以防止相邻的土体塌陷到沟槽中。膨润土泥浆的密度高于相邻土体，从而可以防止土体坍塌，并在混凝土浇筑过程中从沟槽中置换出来。墙体通常按板块或区段施工，之间采用剪切键槽。

Soil stratum or layers 土层 具有特定厚度和岩土工程特征的土体层。

Spectral acceleration 谱加速度 近似是建筑物所经历的加速度，由无质量竖杆上的集中质量模拟，其自振周期与建筑物相同。假设质量 – 杆体系具有一定的阻尼（通常为 5%），当此质量 – 杆体系由于地震记录在其底部输入而运动或被"推动"时，可以获得集中质量运动的记录。

Spectral displacement 谱位移 近似是建筑物所经历的位移，由无质量竖杆上的集中质量模拟，其自振周期与建筑物相同。根据地震记录，可以得到最大位移。

Spectral velocity 谱速度　谱位移记录相对于时间的变化率（导数）。

Spread or continuous footings 扩展或连续基础　将荷载从上部结构分配到土体的基础体系。通常包括正方形或矩形形状的钢筋混凝土扩展基础，以及具有特定宽度但在柱列或墙下连续延伸的连续基础。通常在周边地下室墙下使用连续基础。

Static 静态　没有运动、物体受到相互平衡的作用力。

Stayed mast 伸臂体系　中央核心筒与周边巨型柱或框架通过伸臂桁架或伸臂墙相互连接。

Steel-plated core 钢板核心筒　核心筒采用结构钢板，替代钢筋混凝土剪力墙。

Stiff clay（hardpan）硬质黏土（硬土层）　具有高抗压承载力的黏土，随着时间推移固结或徐变量很小。芝加哥市因这种土体条件而闻名，许多高层建筑的桩支承在这土层上。

Stiffened screen frame 加劲密肋框架　带有填充板的框架，以提供额外的刚度来抵抗侧向荷载。

Stiffness 刚度　材料的弹性模量与惯性矩或轴向面积的乘积。

Stiffness and softness 刚度和柔度　高层建筑结构体系在风荷载的刚度要求和地震荷载的柔度或延性要求之间取得平衡。

Straight-shafted or belled caissons 直桩或带扩大头的桩　桩沿其整个长度具有恒定的横截面，或者它可以沿大部分长度截面恒定，而在底部有钟形的扩大头。

Strain energy 应变能　外力在弹性构件上做的功，使其从无应力状态发生变形，并转化为应变能。

Strength 强度　材料或结构的抵抗作用力的能力。

Structural clarity 结构清晰　可以在视觉上理解的结构体系，但更重要的是有清晰的传力路径以抵抗高度不确定的荷载条件，如地震运动。

Subgrade moduli 基床系数　土体中应力与应变的关系。用于确定土体刚度和沉降敏感性。

Superframe 巨型框架　位于结构周边的框架，由三维放置的构件组成，通常包括斜撑。

Superimposed load 附加恒荷载　不随时间变化的永久荷载。荷载是由于外墙系统、隔墙等的重量引起的。

Sustainability 可持续性　设计为自给自足的高层建筑物，如果不是生成新资源的话。设计为韧性的建筑物，包含可提高性能和延长使用寿命的系统。

Sustainable Form Inclusion System（SFIS）™ 可持续内模板系统（SFIS）™　一种内模板系统，将消费后废弃物引入结构中以减少浪费，同时通过降低质量来减少结构材料。

Tube-in-tube 筒中筒　通常由中央核心区和周边的框架组合而成 – 框架结构通常由紧密布置的柱组成，柱的平面间距通常接近楼层到楼层的高度。

Unreinforced masonry walls 无筋砌体墙　由砖、混凝土块或类似材料组成的墙，不含钢筋。可能含有水泥浆和 / 或砂浆。

Uplift 上拔力　结构构件或体系上作用的净向上的力，如果没有约束，将导致向上的位移。

Vertical force distribution 竖向力分布　风或地震荷载引起的侧向力沿着结构高度的分布。力可以作为分布荷载或楼层隔板上的集中荷载施加。

Vortex shedding 涡旋脱落　在特定流速下发生的不稳定气流，与结构的尺寸和形状有关。涡旋在结构的背面产生，并周期性地从结构的两侧脱离。流过结构的流体产生交替的低压涡流，而结构倾向于朝向低压区运动。

Well-defined and understandable load paths 明确易懂的传力路径　为结构定义清晰的传力路径，在重力和水平荷载作用下构件支承关系明确。一个抗侧力体系通过一个清晰可理解的传力路径将侧向荷载从上部结构传递到基础。

Wide-flanged beam analogy 宽翼缘梁类比　宽翼缘梁截面与高层建筑平面上柱子的内力分布类比。

Wind-induced motion 风致运动　风力引起的结构运动。

Wind velocity 风速　风相对于静止物体的运动速度。

X–braced frames X– 支撑框架　采用交叉斜杆、工作点重合的桁架体系 – 可用于核心筒、周边、环带或伸臂桁架体系等。

Zero damping 零阻尼　一个没有任何降低振动幅值的效应的系统。

参考文献

ACI 318-08. *Building Code Requirements for Structural Concrete*, American Concrete Institute, Farmington Hills, MI. 2008.

Ali, M.M., *The Art of the Skyscraper, The Genius of Fazlur Khan.* Rizzoli International Publications, Inc. 2001.

Ambrose, J., Vergun, D. *Simplified Building Design for Wind and Earthquake Forces*, 2nd Edition, John Wiley & Sons, 1990.

American Society of Civil Engineers (ASCE 88), formally American National Standards Institute (ANSI 58.1), *Minimum Design Loads for Buildings and Other Structures*, 1988.

American Society of Civil Engineers, ASCE 7-10 *Minimum Design Loads for Buildings and Other Structures*, 2010.

中国设计规范，*GB 50009—2012 建筑结构荷载规范*，2012.

中国设计规范，*GB 50011—2010 建筑抗震设计规范*（2016 年版），2016.

中国设计规范，*JGJ 3—2010 高层建筑混凝土结构技术规程*，2010.

中国设计规范，*JGJ 99—2015 高层建筑钢结构技术规程*，2015.

中国设计规范，*CECS 230 : 2008 高层建筑钢 - 混凝土混合结构设计规程*，2008.

Darwin, C. *The Origin of Species by Means of Natural Selection, or the Preservation of Favoured Races in the Struggle for Life*, John Murray, London, 1859.

Fanella, D., Munshi, J. *Design of Concrete Buildings for*

Earthquake and Wind Forces, Portland Cement Association (PCA) According to the 1997 Uniform Building Code, 1998.

Holland, J. *Adaptation in Natural and Artificial Systems*, University of Michigan Press, Ann Arbor, MI, 48016, 1975.

International Code Council, *International Building Code (IBC) 2012 : Code and Commentary, Volume 1*, 2012.

International Conference of Building Officials (ICBO), *Uniform Building Code (UBC)*, Structural Engineering Design Provisions, Whittier, CA, 1997.

Intergovernmental Panel on Climate Change (IPCC), *"Climate Change 2007 : Synthesis Report,"* Contribution of Working Groups I, II and III to the Fourth Assessment Report of the Intergovernmental Panel on Climate Change, Core Writing Team, eds. R.K. Pachauri and A. Reisinger, IPCC, Geneva, Switzerland, 2007, p. 104.

Janssen, J.J.A. *Mechanical Properties of Bamboo*, Springer, New York, 1991.

Khan, F.R., *ENR* Interview with Fazlur Khan, 1972.

Khan, F.R., *Architectural Club of Chicago, Club Journal,* 1982.

Khan, Y.S., *Engineering Architecture – the Vision of Fazlur R. Khan. W.*W. Norton & Company, Inc. 2004.

Lindeburg, M., Baradar, M. *Seismic Design of Building Structures 8th Edition*, Professional Publications, Inc., Belmont CA, 2001.

National Building Code of Canada (NBC), *Structural Commentary Part 4 –Wind Engineering*, 2005.

PEER/ATC-72-1, *"Modeling and Acceptance Criteria for*

Seismic Design and Analysis of Tall Buildings," Applied Technology Council, Redwood City, CA. 2010.

Perform-3D V5 User Guide, *"Nonlinear Analysis and Performance Assessment for 3D Structures,"* Computers and Structures Inc., Berkeley, CA. 2011.

Perform-3D V5, *"Components and Elements for Perform-3D and Perform-Collapse,"* Computers and Structures Inc., Berkeley, CA. 2011.

Sarkisian, M. *Structural Seismic Devices*, United States Patent Nos. US 6681538 ; 7000304 ; 7712266 ; 7647734 ; 8256173 ; 8452573.

Sev, A., A. Ozgen. *"Space Efficiency in High-Rise Office Buildings,"* Journal of the Faculty of Architecture, vol. 2.4, 69-89 : Middle East Technical University, 2009.

Tall Building Initiative, *"Guidelines for Performance-Based Seismic Design of Tall Buildings,"* Version 1, Report No.2010/5, Pacific Earthquake Engineering Research Center, Berkeley, CA. 2010.

The National Building Code of Canada (NBC), *Structural Commentary Part 4 – Wind Engineering*, 2005.

US Green Building Council (USGBC), "Buildings and Climate Change," USGBC Report, 2004.

Willis, C. (ed.), *Building the Empire State*, W.W. Norton & Company Inc., copyright – The Skyscraper Museum, 1998.

致谢

项目设计

Skidmore，Owings & Merrill LLP 的建筑师和工程师

对本书的贡献

结构工程

Eric Long

Neville Mathias

Jeffrey Keileh

Danny Bentley

Rupa Garai

Chris Horiuchi

李兆凡

潘斌

原创图像

Lonny Israel

Brad Thomas

出版协调 / 图片

Pam Raymond

Harriet Tzou

Rae Quigley

Justina Szal

Brian Pobuda

Brenda Munson

Nika Wynnyk

SOM 集成设计课程——斯坦福大学

Brian Lee

Leo Chow

Mark Sarkisian

Brian Mulder

Eric Long

编辑

Cathy Sarkisian

启发

Stan Korista

中文版翻译及校审

石永久

刘栋

特别感谢 Eric Long 的不懈努力帮助本书得以完成。特别感谢江欢成院士为中文版作序、清华大学石永久教授校审中文版。